Gut aufgestellt

Dr. Reinhard K. Sprenger gilt als profiliertester Management-Berater und Führungsexperte Deutschlands. Zu seinen Kunden zählen nahezu alle großen DAX-Unternehmen. Seit seiner Jugend ist er Fan von Rot-Weiss Essen.

Reinhard K. Sprenger

Gut aufgestellt

Fußballstrategien für Manager

Campus Verlag
Frankfurt/New York

Bibliografische Information der Deutschen Nationalbibliothek:
Die Deutsche Nationalbibliothek verzeichnet diese Publikation in der
Deutschen Nationalbibliografie. Detaillierte bibliografische Daten
sind im Internet über http://dnb.d-nb.de abrufbar.
ISBN 978-3-593-38628-7

Umschlaggestaltung: Hißmann, Heilmann, Hamburg
Umschlagmotiv: © Mareike Foecking
Satz: Fotosatz L. Huhn, Linsengericht
Druck und Bindung: CPI – Ebner & Spiegel, Ulm
Gedruckt auf säurefreiem und chlorfrei gebleichtem Papier.
Printed in Germany

Besuchen Sie uns im Internet: www.campus.de

Inhalt

Warm machen

»Das ist doch wie bei Schalke!« Wer so redet, macht zweierlei klar: Erstens, er kommt nicht aus dem Ruhrgebiet, sonst hätte er »auf Schalke« gesagt. Zweitens, er sucht einen besonders bildhaften Vergleich – einen Vergleich, der so allgemein verständlich ist, dass man den Vereinsnamen unterschlagen kann.

Das haben auch die Unternehmensstrategen erkannt. Sie setzen an zu cleveren Werbe-Dribblings: »Setzen Sie auf Europas Spitzenspieler!«. Oder: »Werden Sie Rendite-Weltmeister!«. Eine Bausparkasse lässt Wimpel bedrucken: »Fanclub Eigenheim«. Eine Landesbank wirbt mit: »Auswärts sind wir stark. Zu Hause fast unschlagbar.«

Fußballsprache ist im Unternehmensalltag allgegenwärtig: Liegt ein Unternehmen im Wettbewerb weit vorne, dann »spielt es in einer anderen Liga«. Manche Unternehmen wollen »zurück in die erste Liga«, einige wähnen sich gar im »Abstiegskampf«, beklagen marktabschottende »Mauertaktiken«, zeigen Spielverderbern die »Rote Karte«. Und dass man ins »Abseits« geraten kann, ist ohnehin klar.

Vor allem bei den unternehmensinternen Hochämtern gibt es zuhauf sprachliche Hackentricks und rhetorische Steilpässe: »Wir sind nicht auf Ballhöhe« meint jener, der noch Entwicklungsbedarf sieht. Finanzvorstände greifen als Auftakt für den jährlichen Neustart regelmäßig zum allzeitweisen Sepp Herberger: »Nach dem Spiel ist vor dem Spiel.« Ein anderer beklagt einen Wettbewerbsnachteil: »Da beginnen wir das Fußballspiel mit 0:2-Rückstand!« – bis zwei zählen kann jeder, das ist sofort plausibel.

Auch sprichworthafte Wendungen wie »ein Eigentor schießen«, »den Ball flach halten« oder Otto Rehhagels erfolgreiches Rezept der »kontrollierten Offensive« sind bildhafte Prägungen, die Einzug in das Wirtschaftsleben gehalten haben. Auf jeden Fall aber sind wir »gut aufgestellt« – so das Passepartout für gute Produkte, eine schlagkräftige Mannschaft, die effiziente Organisation und Zukunftsoptimismus. Denn Fußball spricht eine Sprache, die die ganze Welt versteht.

Und diese Sprache ist ein wahres Wundermittel – anschaulich, vielseitig, unerschöpflich. Sie beschreibt, liefert Bilder, Anekdoten, Beispiele, regt die Vorstellung an. Sie ist vielleicht auch die einzige Sprache, in der sich Menschen unterschiedlicher sozialer Zugehörigkeit ungezwungen verständigen können. Jedenfalls war der PISA-Sieger Finnland bei der WM 2006 nicht dabei. Der Fußballgott hat doch einen Sinn für Gerechtigkeit.

Aber ist der Fußball lediglich eine verführerische Metapher? Liefert er nur bildhafte Vorstellungswelten ohne operativen Nutzen? Genauer gefragt: Lohnt der Vergleich von Fußball und Wirtschaft?

Nun, zunächst ist Fußball eine *Eigenwelt*. Fußball drückt nichts aus und ist auch nicht Ausdruck von irgendwas – außer Fußball. Er ist einfach und gänzlich er selbst. »Das Runde muss ins Eckige« – darum geht es, wie uns Trainerphilosoph Otto Rehhagel erklärte. Nicht mehr, nicht weniger.

Wenn wir aber Fußball als ein Spiel sehen, dann kann er auch ein Bei-Spiel sein. Er kann als Sprachspiel den Anspruch erheben, die Welt der Wirtschaft mit einer Parallelwelt auszustatten. Er kann uns lehren, Unstimmigkeiten in unserem Denken besser zu verstehen und dass es verschiedene Arten gibt, auf solche Unstimmigkeiten zu reagieren. Er kann somit »spielerisch« Anschauungsmaterial für kluges Managen liefern. Und genau das will dieses Buch: Die Kunst der Führung im Stadionlicht beleuchten.

Es vertritt die These, dass Fußball nicht nur eine Metapher, sondern geradezu ein *Modell* für modernes Management ist oder zumindest in den letzten Jahren wurde. Denn die Geschäftswelt hat sich verändert. Wirtschaftsführer sind da angekommen, wo Trainer und Fußballmanager schon lange sind: bei hohem, kurzfristigen Ergebnisdruck, bei dauernder Veränderung, stetigen Wachstumsansprüchen, globalem Wettbewerb, ständiger Verbesserung, ja Neu-Erfindung. Und insbesondere bei grundsätzlicher Job-Unsicherheit – was die einen als das Ende der Unternehmens-Ethik geißeln, andere als den Beginn beruflicher Selbstverantwortung begrüßen. Es ist kein Zufall, dass die Seiten der Wirtschaftsnachrichten den Sportnachrichten verblüffend ähneln (das ist nur deshalb so lange unentdeckt geblieben, weil Fußball eben kein amerikanischer Sport ist). Auch die Rolle von Führungskräften in der modernen Organisation hat sich der des Fußballmanagers angenähert: Sie sind Koordinatoren, die die Talente und Energien von Einzelnen auf gemeinsame Ziele hin steuern.

Und nichts ist so spannend wie Wirtschaft – außer Fußball. Man könnte den Satz auch umdrehen. Hier wie dort trifft man auf die alltagspraktische Trivialität, dass man nicht weiß, wie die Dinge ausgehen. Lernen kann man bei beiden: Mit Würde verlieren, mit Würde gewinnen. Aber auch, dass man in der Unterzahl nicht chancenlos ist. Teamgeist ist gefragt, Entschlossenheit und Zielstrebigkeit. Hier wie dort herrscht die Spannung zwischen Plan und Zufall, zwischen Scheitern und Erfolg, zwischen Standard und Ausnahme. Vor allem aber ist das Wechselspiel von individuellem Können und mannschaftlicher Geschlossenheit geradezu ein Musterbeispiel für beide Lebensbereiche – ja, für unser ganzes Leben überhaupt. Man kann den Ball wegdenken und ihn durch ein Produkt ersetzen. Man kann sich die gegnerische Mannschaft als Wettbewerber vorstellen. Man kann sich die Fans als Kunden vorstellen. Man kann sich die Spieler als Mitarbeiter vorstellen und den Trainer als Führungskraft. Der Doppelpass kann als soziales System verstanden werden, die Flanke als Kooperationsangebot. Hier wie dort geht es um Sieg, Kampf und Macht, Mut und Leidenschaft. Strategie, Taktik und Zufall sind dabei, Gefühle und Tragisches. Es gibt hier wie dort Helden, Schurken und Mitläufer, Besetzungen und Fehlbesetzungen. Letztere vor allem.

Fußball und Wirtschaft können sich also in vieler Hinsicht austauschen: Dabei kann man sehen, wie sich kommerzielle und authentische Erfahrungen verschränken, wie sie sich im Big Business globalisieren und doch im Graswurzeldenken lokalisieren, wie sie sich ernüchtern und gleichzeitig visionär aufladen, wie sie in Austauschbarkeit verflachen und gleichzeitig unverwechselbar sein sollen, wie sich kurzfristige Interessen mit langfristigen Traditionsbindungen verknüpfen.

Wohlgemerkt: Dieses Buch *vergleicht* zwei Lebensbereiche – aber es setzt sie *nicht gleich*. Es gibt wichtige Unterschiede, die unangetastet bleiben.

»Flachhalten den Ball ... ja, jetzt! ... und stören, stören ... Mann, zieh mal ab! Doch nicht soooo! Nun geh doch mal, Burgsmüller, geh doch mal ... und nun schieß doch, ja, ja, jetzt! Mann-O-Mann.« Meinen Vater so begeistert zu sehen, das war schon eine Sache für sich. Gespannt saß er da auf seinem Dauerkartenplatz, wieder und wieder beugte er sich vor, lehnte sich zurück, stand auf, setzte sich wieder hin. Wo? Im Essener Georg-Melches-Stadion, wo seit 1956 die erste Flutlichtanlage Deutschlands steht. Rot-Weiss Essen war sein Verein, sein Held Willi Lippens.

Ich selbst ging als Kind nur selten mit ihm ins Stadion (»Papa, wie lang sind 90 Minuten?«). Aber natürlich liebte ich Fußballbilder. Jeden verfügbaren Groschen tauschte ich »anne Bude« gegen die kleinen Tütchen, in denen sich – hoffentlich! – der ersehnte Eusebio, der noch fehlende Puskas oder der äußerst seltene DiStefano befanden.

Bei einem Kinderheimaufenthalt war ich der »Pöler aussem Pott«. Ich beeindruckte offenbar durch wuchtiges Nachvornestürmen, weniger durch filigrane Technik. Gleichwohl erinnere ich mich noch an ein elegantes Freistoßtor oben links in den Winkel, das mir gegen die hochnäsige Mannschaft des Gymnasiums Essen-Bredeney gelang. Aus Prestigegründen war es mir ungeheuer wichtig, Mitglied meiner Klassenmannschaft zu sein (was mir nicht durchgängig gelang). Zu den Auserwählten der Schulmannschaft gehörte ich nie.

Meine Fußball-Begeisterung reichte aber immerhin aus, um unter anderem Sportwissenschaft zu studieren. Das Studium bestand entgegen meiner Erwartung weitgehend aus Sport-Theorie und nur zu einem geringeren Teil aus Spielen, Schwimmen und Geräteturnen. Wo mir doch meine Eltern aufgegeben hatten, immer gut für meinen Körper zu sorgen, vor allem mit Frühsport und Waldlauf (so nannte man damals das Joggen).

Von den großen Ballspielen wählte ich ... na was wohl? Ich erinnere mich, dass unser Dozent an der Ruhr-Universität Bochum zu uns Studenten sagte: »Alles, was man zum Leben braucht, kann man vom Fußball lernen.« Der Satz fiel fast beiläufig, aber er hat mich beeindruckt. Ich wusste damals noch nicht, dass mein Fußballlehrer mit dieser Bemerkung auf den Schultern von Riesen stand: Albert Camus behauptete einst, das Wesen der Moral ließe sich über Fußball erschließen – der große Literat war einst Torwart in seinem Heimatland Algerien. Und Martin Heidegger hat den Bauern von Todtnauberg das »Wesen des Wesens« und das »Sosein des Daseins« am Beispiel des Fußballs erklärt. (Ob sie wussten, was er meinte? Ob *er* wusste, was er meinte?) Jedenfalls wurde mir bald klar, dass man mit Fußball anders denkt über Siegen und Verlieren, Plan und Glück, Foul und Regeln.

Wenn ich mich jetzt wieder dem Sport, dem Fußball zuwende, dann schließt sich für mich ein Kreis. Wobei hier – das sei klar gesagt – der Fußball dazu dienen soll, Management zu beraten. Nicht umgekehrt. Also keine Doppelpässe. Deshalb will ich mich auch weder ironisch noch kulturkritisch über den Fußball äußern. Nicht, dass ich dem Fußball nicht alles Gute und Schöne wünsche. Mehr noch aber wünsche ich mir kluges Handeln in der Wirtschaft.

Einige Jahre habe ich gesammelt und geforscht, in Seminaren, in Stadien, in Sport- und Tageszeitungen, Büchern sowie Radio- und Fernsehberichten – angeregt durch eben jenes »Das ist doch wie bei

Schalke!« Je mehr ich mich mit dem Thema befasste, desto mehr wucherte es ins Uferlose. Es hat mich nicht entmutigt. Im Gegenteil: Ich will die gesamte Breite des Spielfeldes nutzen, um das Führungshandeln mit Analogien aus dem Fußball zu modellieren.

Ich habe mich dabei auf jene Aspekte beschränkt, die im gegenwärtigen Führungsalltag, so wie ich ihn erlebe, besonders aussagestark erschienen. Dabei erwarte ich nicht, dass Sie mit allen Steilpässen einverstanden sind. Manchen werde ich wohl »vor den Kopf stoßen« oder »gegen das Schienbein treten«. Oder vielleicht kennen Sie auch ein Gegenbeispiel. Aber ich fände es schön, wenn Sie die eine oder andere Idee »spielerisch« ausprobierten. Dass Sie nicht nur auf dem Tribünensitz hin und her rutschen, sondern aufstehen und etwas *tun*.

Und »spielerisch« sollte auch Ihr Umgang mit der Lektüre sein. Das Buch muss nicht am Stück gelesen werden, die Kapitel folgen keiner besonderen Ordnung, noch sind die ersten wichtiger als die letzten. Folgen Sie Ihrem Interesse. Nun aber, ohne weitere Spielverzögerung – Anpfiff!

Tabellenplatz

Wir verkaufen keine Leistung, wir verkaufen Erfolg

Warum stehen Sie als Führungskraft auf der Gehaltsliste eines Unternehmens? Weil Sie dem Unternehmen etwas verkaufen. Was verkaufen Sie? Das scheint eigentlich klar, wird aber griffiger, wenn wir uns anschauen, was Sie dem Unternehmen *nicht* verkaufen. Zum Beispiel Arbeitszeit. Der Verkauf von Arbeitszeit dominiert zwar noch in alten Schornstein-Industrien, aber ein rein quantitativer Arbeitsbegriff gehört ins Archiv. Wir vergessen das oft, wenn wir mechanisch morgens zur Arbeit gehen, angestellt sind und einen »festen Arbeitsvertrag« haben – was immer heute »fest« bedeutet.

Sie verkaufen auch keine Motivation. Mit Motivation allein ist noch nichts gewonnen. Und was ist mit guten Absichten? Was ist mit Bemühungen? Natürlich, die Aufregung auf der Tribüne, wenn ein Spieler aufs Tor schießt. Aber Absichten führen nicht weiter, seien sie noch so zählbar: »Diese berühmten Torschuss-Statistiken sind der Wahnsinn schlechthin. Es gibt Mannschaften, die haben 16- oder 24-mal aufs Tor geschossen, das wird als Superwert genommen. Wahrscheinlich waren von 24 Torschüssen aber 18 die schlechteste Lösung. Dass andere Leute frei waren, dass man weiter hätte kombinieren müssen, das wird nicht gesehen.« (Volker Finke) Also, auch viele Versuche (wie zum Beispiel Kundenbesuche), mögen sie auch zählbar sein, zählen nicht.

Verkaufen Sie denn Leistung? Jetzt wird es kompliziert. Leistung ist einer der Begriffe, die enorme Bedeutungslasten bündeln und einfache Entscheidungen nicht zulassen. Der Rückgriff auf die Physik – Leistung ist Kraft mal Weg – führt in sozialen Zusammenhängen nicht weit. Da ist zum Beispiel ein Mitarbeiter, der jedes Jahr 100 Prozent irgendeiner Messgröße abliefert – dann gibt es einen anderen Mitarbeiter, der sich jedes Jahr um 10 Prozent steigert: von 50 auf 60 Prozent, von 60 auf 70. Wessen Leistung ist höher zu bewerten?

Die Offenheit des Leistungsbegriffs wird noch deutlicher in Diskussionen über die »leistungsstärkste« Mannschaft einer Liga. Ist das die, die am Ende der Saison oben steht? Ja, sicher, wenn der Punktabstand gegenüber dem Zweitplatzierten groß ist. Ist er nur gering, dann kann man die Frage nur vorbehaltlos bejahen, wenn man den Zufall ausblendet und qualitative Aspekte keine Rolle spielen. Nehmen wir Bayern München als Beispiel. Trotz oft großer Punktdifferenzen und Titelgewinn ist die Wahrscheinlichkeit hoch, dass sie nicht die Besten waren. Das liegt darin begründet, dass etliche Spiele der Bayern sehr knapp gewonnen wurden. Oft reichte ein Tor, um aus einer Niederlage ein Unentschieden oder aus einem Unentschieden einen Sieg zu machen.

Oder, noch näher an der Unternehmenswirklichkeit: Bis zum WM-Jahr 2006 hielt Jürgen Klinsmann an der Formulierung fest, bei der Nominierung für die WM werde allein nach »Leistung« entschieden. Zudem würden nur Stammspieler der Vereine eingeladen. Im Fall von Christian Wörns und Christoph Metzelder zeigte sich, wie wenig das durchzuhalten war: Wörns bekam als Stammspieler in Dortmund Bestnoten, aber Ersatzmann Metzelder wurde nominiert. Offenbar zählen auch noch andere Dinge zur »Leistung«: angepasstes Verhalten etwa, oder die berühmte Spielphilosophie, dem der eine entspricht und der andere eben nicht. Was wir auch von Unternehmen kennen – dort wird auch nur soziale Ähnlichkeit befördert.

Wenn Sie nunmehr noch die drei Dimensionen von Leistung anschauen – die Bereitschaft, die Fähigkeit und die Leistungsmöglichkeit –, dann können Sie sicher sagen, dass Sie für die ersten beiden verantwortlich sind. Die Leistungsmöglichkeit hingegen ist oft Ihrem Einfluss entzogen. So wie im Fußball Zufall und Willkür mitspielen, die Rasenqualität, die Windverhältnisse, die Stärke des Flutlichts, dubiose Schiedsrichterentscheidungen, kurzum Glück. Nicht alles haben Sie im Griff!

Fragen Sie sich ein letztes Mal: Verkaufen Sie denn Ergebnisse? Geht es um »Resultate«, wie man so oft hören kann? Der Fußball zeigt uns: Auch das greift zu kurz. Denn Daten und Fakten bedeuten zunächst einmal ... gar nichts. Sie sind aussagelos. Erst, wenn sie mit Erwartungen verglichen werden, fangen sie an zu sprechen. Wenn man zum Beispiel nur »die Klasse halten« will, dann ist ein Platz im Mittelfeld ein hervorragendes Ergebnis. Hat man ein Abonnement auf den Meistertitel und landet im Mittelfeld, dann ist es ein Desaster. Unschwer zu erkennen: Leistung ist ein weiträumiger, nicht objektivierbarer, nicht messbarer Begriff. Er ist mehrdimensional, erwartungsabhängig und bewertungsoffen.

Die Flucht aus dieser Komplexität nennt man *Erfolg*. Erfolg ist sozial anerkannte Leistung. Man hat sich halt vereinbart über das, was wichtig ist. Man vergleicht Ergebnisse mit dieser Vereinbarung, und wenn der Vergleich für Sie positiv ausfällt, dann dürfen Sie weiterspielen. Erfolg hebt also Leistung heraus, macht sie erkennbar, grenzt sie ab. Was immer das sei: Für ein Familienunternehmen kann eine hohe Eigenkapitalrendite ein Erfolg sein, für den Manager die Entwicklung des Aktienkurses, für den Mitarbeiter die Lohnerhöhung oder die Karriere. Was Sie aber nachdenklich machen sollte: Versuchen Sie einmal, Ihren beruflichen Erfolg Ihrem 80-jährigen Vater zu erläutern. Und dann dasselbe Ihrer 8-jährigen Tochter. Sie werden mindestens eines merken: Man mag Erfolg beschreiben, bewerten, in gewissen Fällen gar messen können – objektiv ist er nicht. Er gilt nicht alles, nicht für alle und nicht für alle in gleichem Maße. Glücklicherweise.

Unsere Überlegungen lassen es nunmehr auch zu, zwischen Leistungsziel und Erfolgsziel zu unterscheiden. Ein Leistungsziel etwa lautet: »Treffe eine Entscheidung, bevor du den Ball schießt. Beim Pfiff des Schiedsrichters ziehe deine Entscheidung konsequent durch.« Ein Erfolgsziel lautet: »Wir verwandeln alle Elfmeter!« Bei Letzterem kann man eindeutig feststellen, ob es erreicht wurde.

Das also ist der wesentliche Unterschied: Erfolg *verengt den Leistungsbegriff* auf ein digitales hopp oder topp, Sekt oder Selters. Absichten, Strategien und Pläne interessieren niemanden. Niemand beobachtet und bewertet das Training. Welche Taktik Sie gewählt haben – egal! Ballbesitz spielt keine Rolle! Nicht mal Tore sind wichtig, wenn es nicht zum Sieg reicht. Erfolg – darum geht es.

Das Anforderungsprofil eines Trainers bemisst sich daher nicht nach Intelligenz und Fachwissen, sondern nach Daten, Fakten und Zahlen, die in diesem Geschäft besonders »nackt« sind: Man kann sie in der Tabelle täglich ablesen. Außer ein paar Vereinspräsidenten, die an ihren Trainern aus Überzeugung und langfristiger Planung festhalten, sind sämtliche Übungsleiter vom Erfolg abhängig. Ottmar Hitzfeld, mit 20 Titeln hinter Alex Ferguson und Jock Stein der erfolgreichste Trainer der Fußballgeschichte, drückt das so aus: »Allein der Erfolg rettet mich. Nicht mein Fleiß, mein psychologisches Geschick und meine taktische Raffinesse. Ich habe nur Argumente, wenn ich gewinne.«

Leistung ist planbar, Erfolg nicht.

Manager in Unternehmen kommen nicht nur in dieser Hinsicht dem Fußball immer näher. Das ist bisweilen ungerecht, bedauerlich oder »unterkomplex«, wie die Soziologen sagen würden. Aber wer das beklagt, sollte überlegen, wie viele erfolglose Manager über Jahre ihr Unwesen treiben durften, weil Seilschaften – wie zum Beispiel die »Deutschland-AG« – sie im Sattel hielten.

Um unser Gerechtigkeitsgefühl zu besänftigen, sprechen wir beim Erfolg manchmal von »verdient« oder »unverdient« – womit wir versuchen, den *Erfolg gegen die Leistung auszuspielen.* Aber Erfolg ist immer ein Stück unverdient. Jedenfalls wäre es ein Irrglauben, dass Fleiß und Talent allein zum Erfolg führen. Die angesprochenen Leistungsmöglichkeiten müssen auch gegeben sein. Das Problem dabei ist: Da Erfolg für viele mach- und planbar scheint, betrachten sie jeden Misserfolg als persönliches Versagen. Ehrgeizige Mitarbeiter und Fußballer sind die besten Beispiele für diese Falle. Wie hoffentlich gezeigt, ist das ein Missverständnis: Leistung ist planbar, Erfolg nicht. Manchmal ist es klug, nicht mehr nur zu strampeln und auf Hochtouren auszubrennen, sondern loszulassen und abzuschalten. Vielleicht kommt der Erfolg dann auf leisen Sohlen. Ganz plötzlich.

Was bleibt? Es hilft nichts, Trost spendende Relativierungen sind vergeblich: Letztlich verkaufen wir Erfolg. Er ist die Gegenleistung für das Geld, das wir verdienen. Und insofern waren die Bayern oft doch die Besten: meistens Meister.

Motivation ist nur *eine* Voraussetzung für Erfolg

Gott. Im Mittelalter war er die Universalerklärung für alles Unverständliche. Wenn die Ernte ausblieb – Gott will uns strafen. Starb jemand zu früh – Gottes Wille. Heute heißt die Universalerklärung für schwache Leistung: Motivation. »Wenn die nur mal richtig rennen würden!« Ein legendärer Bezirksligatrainer aus dem Ruhrgebiet war bekannt für den Spruch: »Männer, denkt an die drei großen A's: Abwehr, Angriff, Angagement!« Manche Spieler stehen eben nur auf dem Spielberichtsbogen. Und manche Mitarbeiter kennen Schweiß nur in Verbindung mit der Angst vor dem Chef.

Wenn also hohe Leistung resultieren soll, dann muss die *Leistungsbereitschaft* hoch sein: Wille, Einsatz, Leidenschaft – Motivation im engeren Sinne. Aber ist es mit dem Nur-richtig-Wollen getan? Ist Leistung eine Frage der Mentalität? Dazu Argentiniens Trainer José Pekerman: »Was heißt hier Mentalität? Wenn sie der Nummer 9 der Deutschen freie Schussbahn lassen, dann ist das ein Fehler der Verteidigung und nicht der Mentalität.«

Allein das Wollen garantiert also noch keine Leistung. Es muss die *Leistungsfähigkeit* hinzukommen: das Können, Erfahrung, Talent, ein »Händchen« für das Spiel. Wenn sich also zum *Wollen* das *Können* addiert, resultiert dann hohe Leistung?

Es muss noch etwas Drittes vorhanden sein: die *Leistungsmöglichkeit*. Damit sind die *Bedingungen* angesprochen, unter denen eine Leistung erbracht werden soll. Ein Mensch muss eine realistische Chance haben, sein Wollen und Können auch zu entfalten. Dabei spielt das soziale *Dürfen* eine große Rolle, die Spielregeln, die Spielstärke des Gegners. Im Unternehmen kommt noch mehr hinzu: Der Beitrag der Führung, der Kollegen, die Strategie – alles das spielt in den Leistungsbegriff hinein. Aber auch Umstände wie der Wettbewerb oder interne Organisationsstrukturen beeinflussen, ob Sie Ihre Möglichkeiten entfalten können. Das ist im Kern das, was Spieler meinen, wenn sie sagen: »Wir konnten unsere Leistung nicht abrufen.« Was immer so klingt, als müssten sie nur irgendwo anrufen, um ihre Leistung zu erbringen, aber das Fräulein vom Amt hätte sie falsch verbunden. Und es verweist auch auf einen Umstand, den schon Sartre mit abgrundtiefer Philosophenweisheit erkannte: »Die Anwesenheit des Gegners kompliziert alles.«

Leistung ergibt sich immer aus dem Zusammenspiel dieser drei Dimensionen, das heißt sie sind *wechselwirksam*. Wenn zum Beispiel die Leistungsmöglichkeiten beschränkt sind, sterben langsam das Wollen und später auch das Können. Wer andererseits etwas mit ganzem Herzen will, wird in der Regel auch die Fähigkeiten erwerben, sein Ziel zu erreichen. Und wer etwas gut kann, wird es in der Regel auch gerne tun. Hohe Bereitschaft kann geringe Fähigkeit hingegen nur begrenzt ausgleichen. Aufs Ganze gesehen: Tendiert eine der drei Variablen gegen Null, geht die Leistung ebenfalls gegen Null. Deshalb gilt: »Man wird nicht nur mit spielerischen Mitteln Meister.« (Ottmar Hitzfeld)

Leistungsbereitschaft ist Sache des einzelnen Mitarbeiters.

Der Mensch muss also *wollen, können und dürfen*, wenn Leistung aus seinem Handeln resultieren soll. (Das »Dürfen« greift oft zu kurz, da positive Signale nicht selten machtlos sind gegen die Macht des Faktischen, etwa gesättigte Märkte oder Chefs, die ihre Positionsautorität verteidigen.)

Verteilen wir diese Dimensionen auf die Verantwortung des Mitarbeiters und auf die Verantwortung der Führungskraft, so sagt die Verhaltensforschung unmissverständlich: Leistungsbereitschaft ist Sache des einzelnen Mitarbeiters. Natürlich nimmt auch die Führungskraft Einfluss auf die Leistungsbereitschaft des Mitarbeiters (leider eher negativ, wie noch zu zeigen sein wird), aber ein *direkter* Einfluss ist ihr versagt. Der Mensch ist zwar beeinflussbar, aber nicht steuerbar. Er ist keine triviale Maschine, die auf Knopfdruck erwartbares Verhalten mechanisch erzeugt.

Die Erhaltung und Förderung der Leistungsfähigkeit, das Lernen, ist von Chef und Mitarbeiter gemeinsam zu verantworten. Der Chef kann hier anregen und fördern, aber der Mitarbeiter muss auch lernen wollen und können. Die Bereitstellung von Leistungsmöglichkeiten ist so, wie die Dinge nun mal hierarchisch liegen, vorrangig Aufgabe der Führung.

Wenn eine Leistungserwartung enttäuscht wird, wenn also das Ergebnis eines Mitarbeiters nicht den Wünschen des Vorgesetzten entspricht, werden die Ursachen häufig unterschiedlich eingeschätzt: Der Mitarbeiter erzählt eine Opfer-Geschichte, verweist auf mangelnde Leistungsmöglichkeiten, ist in der Regel noch bereit, Defizite seiner Leistungsfähigkeit zuzugestehen, hält sich aber meistens für leistungsbereit. Die Führungskraft sieht – umgekehrt – die Ursachen selten in Einschränkungen der Leistungsmöglichkeit, stimmt allenfalls Defiziten bei der Leistungsfähigkeit zu, beklagt hingegen vor allem mangelnde Leistungsbereitschaft.

Lassen Sie mich deshalb noch einmal festhalten: Leistung ist mehrdimensional und das Ansetzen an der Leistungsbereitschaft ein entsprechend kurzer Hebel. Wenn die Leistungsmöglichkeiten beschränkt sind und es an der Leistungsfähigkeit fehlt, dann können Sie in die Motivation Ihrer Mitarbeiter investieren, so viel Sie wollen – Sie werden immer nur mittelmäßige Ergebnisse erzielen. Wie auch immer, eine der bedeutendsten Einsichten, die der Fußball der Wirtschaft zur Verfügung stellen kann, stammt von Giovanni Trapattoni: »Ein guter Trainer kann ein Team höchstens 10 Prozent besser machen. Aber ein schlechter Trainer macht ein Team 50 Prozent schlechter.«

Spiele werden im Kopf gewonnen

89. Minute, immer noch Null zu Null, der Platz ist regenschwer, alle Knochen tun weh, die Spieler sind fertig. Wollen Sie wirklich noch einmal die Zähne zusammenbeißen? Noch einmal anrennen, noch ein letztes Mal alles geben? Sie holen sich den Ball tief in der eigenen Hälfte, treiben ihn nach vorne, die Gegenspieler bleiben fast stehen, der Verteidiger kommt wieder angerauscht, Sie überlupfen den Ball, überspringen den Gegner, sind im Strafraum, sehen im Augenwinkel einen Mannschaftskollegen, der fast schon verzweifelt mitgelaufen ist, Sie legen auf – der Mitgelaufene drückt trocken ein. Eins zu Null. Sieg.

Nicht aufstecken, wenn die Niederlage droht, sondern sich noch einmal anstrengen: Das kann man Siegeswillen nennen, oder Entschlossenheit (neudeutsch *commitment*). Das vielleicht berühmteste Beispiel dafür ist das letzte Saisonspiel der Meisterschaft 2000/2001, FC Schalke 04 und Bayern München liegen Kopf an Kopf. Schalke kommt gegen Unterhaching erst nach zwei Gegentoren in Schwung und gewinnt noch verdient. Beim Schlusspfiff wähnen sie sich Deutscher Meister, da die Bayern in Hamburg zu diesem Zeitpunkt mit 0:1 zurück liegen. Angetrieben von Stefan Effenberg stürmen die Bayern in verzweifelter Hoffnung, gleichen in der 94. Minute aus ... und retten den Titel. Dramatischer hätte man es kaum inszenieren können. Eines jener Spiele, die uns in besonderer Erinnerung bleiben, weil die Mannschaft durch ein Gegentor geweckt wurde und das Spiel noch umgedreht hat.

Siegenwollen ist eine biologische Besonderheit des Menschen.

Eine der beglückendsten Erfahrungen ist der Moment, in dem man gekämpft hat und nun ausgepumpt, aber siegreich, auf dem Spielfeld liegt. Wer das selbst erlebt hat, weiß, wovon ich spreche. Und dieses Siegenwollen ist zuallererst eine Frage der inneren Einstellung. Es ist Kopfsache – Spiele werden im Kopf gewonnen. Die Sportpsychologie kann schlüssig demonstrieren, dass Sportler auch körperlich erst dann aufgeben, wenn der Kopf sagt: »Jetzt ist Schluss«.

Auch Fußball ist zunächst Kopfsache. Der Trainer Jürgen Klopp meint dazu: »Beim Fußballer beeinflussen viele Faktoren die Leistung. Beim Fußballer ist weniger wichtig, wie er trainiert hat, sondern wie er denkt, dass er trainiert hat. Dann fühlt sich ein Fußballer gut und selbstbewusst.«

Und wenn der Gegner übermächtig scheint? Viele wirken nur deshalb groß, weil andere sich ducken. Man kann jeden Gegner schlagen, wenn man an sich glaubt, wenn man sich selbst nicht verfrüht geschlagen gibt. Mag es auch unwahrscheinlich sein – es ist doch möglich. Ernst Happel, der grantige Narziss aus Wien, hinterließ seinen Spielern ein handgeschriebenes Vermächtnis: »Jede Mannschaft ist in einem bestimmten Moment zu schlagen. Wie? Keine Hochachtung vor dem Gegner. Frechen, aggressiven, offensiven Fußball spielen. Es geht um die richtige Einstellung. Ich muss mit Herz zur Sache gehen.« Eine Botschaft, mit der man nicht nur ein paar Spiele gewinnen kann.

Der Glaube an den eigenen Erfolg ist mithin das Zünglein an der Waage: Wie oft haben schon Glaube und Erfolgswille das große Talent geschlagen! Und die bare Möglichkeit reicht völlig aus, es jedes Mal wieder zu versuchen. Wer kämpft, kann verlieren. Wer nicht kämpft, hat schon verloren.

Ob der Wille zum Sieg da ist, spürt man schon, wenn die Spieler auf den Platz kommen. Wie jemand den Ball führt, ob er den Kopf oben hat, wie souverän er mit dem Körper abschirmt – man spürt wechselseitig sofort, wie selbstbewusst der Gegenspieler ist, ob er von sich überzeugt ist, ob er gewinnen oder nur möglichst ungeschoren davon kommen will. Darum muss es also gehen: Das Spiel bestimmen – es sich nicht aufzwingen lassen. Die wichtigste

Botschaft von Jürgen Klinsmann und Joachim Löw an den deutschen Fußball ist in der Diskussion über amerikanische Fitnesstrainer und neue Trainingsmethoden fast untergegangen: »Wir wollen nicht abwarten, sondern das Spiel bestimmen.« Die Trainerin der deutschen Frauennationalmannschaft, Silvia Neid, vor der WM 2007: »Wir wollen an der WM nichts verteidigen, sondern etwas gewinnen. Denn verteidigen hat mit Angst zu tun.« Die deutschen Frauen wurden wieder Weltmeister.

Nicht verlieren wollen, ist nicht genug – das habe ich in Unternehmen immer wieder bei Verkäufern beobachten können. Kunden müssen spüren, dass ein Verkäufer wirklich alles tut, um ihn zu gewinnen. Der Kunde muss gleichsam elektrisiert sein – von der Art, wie ein Verkäufer mit ihm arbeitet, wie er sich mit ihm beschäftigt, seine Fragen beantwortet und ihm die Sicherheit gibt, gut aufgehoben zu sein. Das kann man das »Bayern-Gen« nennen, jene Mischung aus grenzenlosem Selbstvertrauen und dem Gefühl der Unbesiegbarkeit, das sie zu ihren besten Zeiten abstrahlen.

Jede Mannschaft ist in einem bestimmten Moment zu schlagen.

Im krassen Gegensatz dazu stehen jene, die aus Angst vor dem Nein des Kunden ein Gespräch nach dem andern führen, sich immer wieder vertrösten lassen, dabei unendlich viel Zeit verplempern und ihr eigenes Selbstwertgefühl verschleißen – statt einmal klar und entschieden den Kunden zum Handeln aufzufordern: »Was *tun* Sie nach unserem Gespräch?« und sich nur mit einem klaren Ja (schlimmstenfalls eben Nein) zufriedenzugeben.

Wieder andere, die lediglich nicht verlieren wollen, versuchen erst gar nicht, selbstbewusst ihren Preis durchzusetzen, sondern signalisieren von vorne herein Preisnachlass. So kann man vielleicht nicht verlieren – aber auch sicher nicht gewinnen. Oder der Mitarbeiter, der mit der Haltung »Das wird ein äußerst schwieriges Gespräch« zum Kunden geht. Er wird vor allem Signale der Distanz, der Skepsis, der Ablehnung wahrnehmen. Er geht aus dem Gespräch mit der Erkenntnis »Das habe ich schon vorher gewusst.«

Solche und ähnliche Einstellungen kann man seit Jahren bei der spanischen Nationalmannschaft beobachten, die sich aus einer der stärksten Fußball-Ligen der Welt speist. Dennoch gelingen ihr bei großen Turnieren keine Erfolge, was der spanische Schriftsteller Javier Marías so begründet: »Den meisten unserer Spieler fehlen Ehrgeiz und Siegermentalität.«

Siegermentalität in der Wirtschaft ist nicht nur für den Einzelnen wichtig, sie hat auch Wirkung auf die Kollegen: Nicht aufstecken, sondern die andern anstecken. In Deutschland stehen Jürgen Klinsmann (vor allem bei der WM 1990) und Oliver Kahn für unbändigen Siegeswillen, der eine ganze Mannschaft mitreißt. Klinsmann kam zwar über Plakatpsychologie nie hinaus, aber war dennoch höchst erfolgreich: »Sei konzentriert bis in die Haarspitzen! Sei voll da! Das ist das wichtigste Spiel deines Lebens! Jetzt!« Und Kahn nennt als Beispiel das Schuhputzen vor dem Spiel. Schon im Jugendfußball sei die Regel hilfreich: Wer seine Fußballschuhe nicht selbst geputzt hat, spielt nicht. Das Schuhputzen steht symbolisch für aufgeräumt sein, vorbereitet sein, konzentriert sein, seine Energie ausgerichtet haben. Und so ins Spiel gehen. Der VfB Stuttgart wurde in der Saison 2006/2007 nicht zuletzt dank des Gefühls Meister, mit Willensstärke ein Spiel noch umbiegen zu können.

Um Siegermentalität zu entwickeln muss man bisweilen den schwersten Gegner besiegen – sich selbst. Und das heißt auch: Jammern gilt nicht! Menschen mit Siegermentalität lehnen jede Form von Selbstmitleid ab. Wie Asmir Begovic, ein Bosnier, der wegen des Bürgerkriegs nicht draußen trainieren konnte und deshalb auf dem Bett Paraden übte. Heute ist er Torhüter der kanadischen U-20-Auswahl. Oder der Argentinier Lionel Messi, der als Teenager unter massiven Wachstumsstörungen litt und nun als Nachfolger Maradonas gilt. Selbst wenn sie sich ungerecht behandelt fühlen, geben sie nicht auf. Sie geben der Umwelt vergleichsweise wenig Macht über ihr Seelenleben. Ihr Motto: »Egal, ob mir 50 000 Fans zuschauen oder nur 50 – meine Leistung ist dieselbe.« Sie sind in hohem Maße intrinsisch motiviert und somit wenig beeinflussbar von außen und schon gar nicht steuerbar. Das macht sie oft unbequem und unangepasst. Aber nur von solchen Menschen kann man wirklich exzellente Leistungen erwarten.

Ist dieser Wille von außen erzeugbar? Kaum – die wichtigsten Erfolgsfaktoren entziehen sich dem Befehl, ja sogar der Beeinflussung. Man kann nicht einfach »Siegermentalität« anknipsen, so wie man das Licht anknipst. Aber man kann sich immer wieder die Wahrheit des ehemaligen Leverkuseners Erik Meijer zu Herzen nehmen: »Nichts ist scheißer als Platz zwei.«

Erfolgsrezepte gibt es nicht

Im Fußball wie im Management tauchen die immer gleichen Fragen auf: Warum gewinnen die einen und warum verlieren die anderen? Warum kippt ein Unternehmen nach langer Blütezeit plötzlich ab oder – umgekehrt – erhebt sich wie Phönix aus der Asche? Und was kann man davon lernen? Gibt es *Erfolgsrezepte*? Das Leben ist bekanntlich zu kurz, um alle Fehler selbst zu machen.

Bei den Europameisterschaften 1992 wurden die bestens vorbereiteten Deutschen von den Dänen geschlagen. Die Dänen waren ganz überraschend dazu gestoßen, hatten keine Lust zum Training und spielten stattdessen Minigolf. Nach ihrem Erfolgsgeheimnis befragt, antworteten sie: »Pommes essen und am Pool liegen.« Das können wir, das *wollen* wir nicht glauben. Zwei Jahre später unterlagen die Deutschen bei der WM den Bulgaren, die sich nach jedem Spiel besinnungslos soffen. Auch ein Erfolgsrezept?

Das sind extreme Beispiele – werden wir also seriöser und nehmen das EM-Halbfinale 1996, Deutschland gegen Gastgeber England, Elfmeterschießen. Scouts hatten Andreas Köpke informiert, welche Ecken die englischen Schützen bevorzugen. Alle schossen in die jeweils *andere* Ecke, keine Chance für Köpke. Nur über Gareth Southgate gab es keine Informationen, Köpke musste sich auf sich selbst verlassen. Das half. Köpke hielt den sechsten Elfmeter, Deutschland stand im Finale. Szenenwechsel: WM-Viertelfinale 2006, Argentinien gegen Gastgeber Deutschland, Elfmeterschießen. Über den Schweizer Scout war Jens Lehmann per Zettel informiert, welche Ecken die argentinischen Schützen bevorzugten. Alle schossen genau in die prognostizierte Ecke. Lehmann hielt zwei Elfmeter, Deutschland stand im Halbfinale. Was ist nun das Erfolgsrezept? Sich auf sich selbst verlassen? Oder auf den Zettel?

So einfach ist es eben nicht. Nur: Die Vereinfacher rufen, kaum, dass sie irgendwo eine erfolgreiche Neuerung sehen, sofort die Neuerung zum *allein* erfolgversprechenden Vorgehen aus. Es wird dabei unterstellt, dass die ermittelten Muster *Ursache* der überragenden Leistung sind. Und dieser Kurzschluss wird in der Regel begeistert aufgegriffen. Wir Menschen neigen nämlich dazu, in Ursache-Wirkungs-Zusammenhängen zu denken. Wir beobachten ein Phänomen, zum Beispiel die Überlegenheit der gegnerischen Mannschaft, und fragen sofort nach dem »Warum«. Und schnell findet sich dann auch eine plausible Erklärung: »Diese Mannschaft ist wegen ihrer Taktik erfolgreich! Jene wegen ihrer herausragenden Spieler! Der Trainer ist es! Die Prämien zeigen ihre Wirkung!« Wird man gar Meister oder Weltmeister, wird alles Mögliche in den Erfolg hinein interpretiert. Der Fußball ist eine Fundgrube für Ursache-Wirkungs-Vermutungen.

Die Wirtschaft genauso: Irgendein Berater wählt einige Unternehmen aus, die gegenwärtig erfolgreich sind. Dabei stößt er auf Gemeinsamkeiten. Er meint ein Muster zu erkennen. Irgendwann glaubt er, genügend Belege für die Erfolgsformel gefunden zu haben: *Best Practice*! Was nicht dazu passt, das lässt er unter den Tisch fallen: zum Beispiel den Kontext, unter dem eine bestimmte Maßnahme zum Erfolg beigetragen hat, die Startbedingungen, die Herkünfte, die Traditionen, das Marktumfeld, die Zukunftserwartungen. Auch die Erfolge von Unternehmen, die anders arbeiten. Er schreibt ein Buch. Darin behauptet er, Manager müssten die Vorgehensweisen dieser Erfolgsunternehmen übernehmen, um ähnlich erfolgreich zu sein: Visionen und Missionen! Strukturen und Kennzahlen! Einzelleistungen herausstellen! Kollektives Bewusstsein einimpfen!

Auch im Unternehmen wird kurzschlüssig unterstellt, dass die ermittelten Muster Ursache der überragenden Leistung sind. Nehmen

- an, viele erfolgreiche Unternehmen verfügen über ein ausgeprägtes Wissensmanagement. Sind die Unternehmen *deshalb* erfolgreich? Oder können sie sich – umgekehrt! – wegen ihres Erfolges den Luxus eines Wissensmanagements leisten? Charismatische Persönlichkeiten werden ebenso oft für den Erfolg eines Unternehmens verantwortlich gemacht wie für dessen Misserfolg. In gleicher Weise ist oft behauptet worden, eine starke Unternehmenskultur führe zu starken Ergebnissen. Der Umkehrschluss wird ebenso oft beobachtet: Starke Ergebnisse führen zu einer starken Unternehmenskultur ... die dann – siehe ABB, Hewlett Packard – irgendwann in die Krise gerät.

Will man aber nun ein *Rezept* verkaufen, dann muss zur Analyse des Erfolges noch ein zweiter Schritt kommen – die Übertragbarkeit. Das Versprechen: Dieses Rezept gelingt *immer*! Die Idee der Übertragbarkeit von Erfolgsrezepten geht also von einer simplen Denkfigur aus: Immer, wenn eine bestimmte Situation gegeben ist, muss man mit bestimmten Maßnahmen reagieren – und dann wird man erfolgreich. Aber diese »bestimmte Situation« ist eine Abstraktion, eine Zurechtbiegung – sie wird nie mehr wieder genau so sein. Nicht einmal die berühmten Standardsituationen im Fußball sind identisch. Und deshalb ist der Erfolg zwar möglich, aber nicht zwingend. Und selbst, wenn man glaubt, einen Erfolg richtig erklärt zu haben – darf man daraus eine Richtlinie ableiten? Ist der Schritt vom Be-Schreibenden zum Vor-Schreibenden zulässig? Gelten die Faktoren für alle Branchen? Zu allen Zeiten? In allen Ländern? Versuchen Sie mal, Feedback-Gespräche in Thailand einzuführen!

Dennoch sind Manager bereit, fast jeden Preis für diese Richtlinie zu zahlen. Ich kenne jedenfalls keine Spezies, die so wild hinter Erfolgsrezepten her ist. Deshalb gibt es einen riesigen Markt, der dieses Bedürfnis bewirtschaftet. Erfolgsrezepte sind vor allem deshalb attraktiv, weil sie der Logik der Zweiwertigkeit folgen, dem Wahr oder Falsch, Ja oder Nein, Schwarz oder Weiß. Sie bedienen die archaische Überzeugung, es müsse am Ende immer Sieger und Besiegte geben. Eben wie beim Fußball. Das zeigt sich zum Beispiel an der 1995 eingeführten Drei-Punkte-Regel mit dem Ziel der Abwertung des Unentschieden. Sieg oder Niederlage sollen eindeutig sein. Aber was ist gegen ein Unentschieden einzuwenden? Ist der Spannungsbogen eines Unentschieden nicht großartig? Das Schwebende, das Offene, die Mehrdeutigkeit? Zeigt uns nicht gerade der Fußball, dass das Mögliche, das Ambivalente lebenspraktisch ist? Dass es immer Gegenbeipiele gibt?

Vor mehr als einem halben Jahrhundert hat der Ökonom Herbert A. Simon darauf hingewiesen, dass viele Ratschläge für Entscheider Sprichwörtern ähneln. In ihrem Wesen läge es, dass es zu jedem von ihnen ein genau entgegengesetztes gebe, das nicht minder einleuchtend sei: Nutze den Augenblick - Gut Ding will Weile haben. Wer wagt, gewinnt - Vorsicht ist die Mutter der Porzellankiste. Es gibt keine zweite Chance für den ersten Eindruck - Einmal ist keinmal. Und so weiter.

Das gilt auch für den Fußball: Angriff ist die beste Verteidigung - Die Null muss stehen. Laufe nicht ins offene Messer - Zwinge dem Gegner dein Spiel auf. Spiele werden in der Abwehr gewonnen - Wir müssen nur ein Tor mehr schießen als der Gegner. Alles richtig? Oder alles falsch?

Es führen also viele Wege nach Rom. Ist das nicht großartig? Wenn jemand die Wahrheit wüsste, bräuchten wir sie nicht zu suchen. Das heißt aber wunderbarerweise eben auch, dass wir selbst entscheiden können, auf welche Weise wir erfolgreich werden *wollen*. In dem einen Unternehmen trägt eine Intervention großartige Früchte. Derselbe Vorschlag scheitert in einem anderen Unternehmen - bei vergleichbarer Problemlage, vergleichbarer Firmengröße, fast identischer Organisationsstruktur. Wie ist das möglich? Da gibt es das Handelsunternehmen, das von seinem Geschäftsführer mit großer Menschenliebe seit Jahrzehnten von Erfolg zu Erfolg geführt wird. Und da gibt es das Unternehmen derselben Branche, das von der Inhaberfamilie mit beeindruckender Menschenverachtung seit Jahrzehnten von Erfolg zu Erfolg geführt wird. Zwei Unternehmen, die internen Unterschiede kaum größer vorstellbar, f demselben Markt, mit fast demselben Sortiment, im Kampf um denselben Kunden, und beide sind dauerhaft erfolgreich.

Irritierende Befunde. Wir sind doch überzeugt, dass es Kniffe und Tipps gibt, wie man es »richtig« macht, die Managementliteratur ist voll davon. Es stapeln sich Erfolgsgeschichten, Rezepte und Instantlösungen. Aber es gibt nicht nur einen Modernisierungspfad, nicht nur ein Fortschrittsmodell, welches man allen Unternehmen, allen Organisationen verpassen könnte. Vergleiche können lehrreich sein, aber sie verraten allenfalls Anschauliches. Und egal, wie die Erfolgsgeschichten lauten mögen, ob man nun den letzten Auswurf irgendeines Management-Gurus für der Weisheit letzten Schluss hält oder aber die »10 Goldenen Regeln zur Führungskompetenz« oder den sicheren Weg, stets zweiter Sieger zu sein, der sich heute *Benchmarking* nennt: All diese Empfehlungen sind kontextblind. Die Managementtheorie hat keinen Blick für die konkreten Umstände, für Traditionen, Reifegrade, Herkünfte, Lokales. Unterschiedslos beglückt sie Kleinunternehmen, Großkonzerne, öffentliche Verwaltungen und Non-Profit-Organisationen mit »modernen« Konzepten. Und sie will nicht wissen, dass der Vorrat gemeinsamer Wertvorstellungen selbst innerhalb von sogenannten »starken« Unternehmenskulturen (3M, GE, HP, Gore) erheblich kleiner ist, als die Fallgeschichten immer illustrieren wollen. Und dass ihre Übertragbarkeit äußerst problematisch ist. Kurz: Es gibt sie nicht, die »Erfolgskultur«.

Es geht immer auch anders.

Aber gesetzt den Fall, es gäbe Rezepte, die Erfolg garantieren. Sollten wir ihnen folgen? Verständlich ist die Neigung, zu übernehmen, was woanders zu funktionieren scheint. Aber ist das auch klug? Nun, zunächst verspricht es Sicherheit. Es beruhigt die Nerven. Wenn man macht, was alle machen, kann das ja so falsch nicht sein. Nur: So erzielt man niemals überragende Leistungen! Man ist allenfalls gleich gut oder gleich schlecht wie der Wettbewerb. So kann man vielleicht die Klasse halten, aber nicht Meister werden. Wer nur einen Hammer hat, für den ist jedes Problem ein Nagel.

Fassen wir zusammen: Wir müssen Abschied nehmen von der

Schein-Sicherheit. Führung ist immer Arbeit durch den Zweifel. Ein dauernder Kampf um das, was *jetzt* richtig ist, morgen aber falsch sein könnte. Es gibt keine Faktoren, die immer und überall und unter allen Umständen zum Erfolg führen. Weder im Fußball noch in der Wirtschaft. Es gibt keine direkte Kausalität zwischen den Mitteln und dem Ergebnis. Die gewissenhafte Vorbereitung eines Turniers, das ganze System aus Trainingslagern, Spezialistenteams und generalstabsmäßiger Planung mag den Erfolg *ermöglichen*, erzwingen kann es ihn nicht. Es ist nicht einmal sicher, ob es überhaupt zum Erfolg beiträgt. Und man kann auf viele verschiedene Weisen erfolgreich sein. Es gibt keine goldene Regel – und wenn es sie gäbe, ich würde raten, ihr nicht zu folgen.

Ist das ein trauriger Befund? Im Gegenteil! Das ist Freiheit! Das macht das Spiel spannend. Das Spiel ist prinzipiell offen für Neues. Im Fußball *und* in der Wirtschaft. Derjenige, der das Neue bringt, geht in Führung. Er gewinnt den Wettbewerb. Für kurze Zeit. Dann wird er abgelöst. Es gibt kein Unternehmen, das überall und zu allen Zeiten seiner Konkurrenz ständig voraus ist. *Bis jetzt* sind noch alle ewigen Managementwahrheiten und sicheren Erfolgsrezepte an der Wirklichkeit gescheitert.

Ist das wenigstens enttäuschend? Ja, natürlich. Aber Hans-Georg Gadamer hat uns gezeigt, dass Erkenntnisgewinn immer auf Enttäuschung beruht. Erwartungen werden durchkreuzt. Um eine Erfahrung reicher heißt um eine Gewissheit ärmer. Das ist aber nicht zu betrauern, sondern zu begrüßen: Enttäuschung heißt: Wir täuschen uns nicht mehr. Wir können wieder wählen. Niemand kann sich auf den »richtigen« Weg berufen. Niemand kann uns eine Vorgehensweise als »zwingend« verkaufen. Kein scheinbares Patentrezept entbindet uns von der Verantwortung zu entscheiden, wie wir leben wollen. Das ist ein Schritt ins Offene. Fußball ist ein wunderbarer Beleg für Freiheit – man kann es eben auch anders machen.

Ziel erreicht – was nun?

»Am Anfang will man Weltmeister werden, sicher. Danach ist der Alltag das Ziel, nicht der Titel am Schluss. Sonst ließe sich die ganze Saison gar nicht aushalten.« Sagt Ottmar Hitzfeld in seiner kühl-distanzierten Art, der alles gewonnen hat, was ein Trainer gewinnen kann. Wie zum Beispiel zweimal die Champions League. Zweimal hat er dabei erfahren müssen, dass ausgerechnet der größte Sieg im Vereinsfußball der erste Schritt ins Scheitern war: mit Borussia Dortmund 1997 und mit Bayern München 2001. Offenbar ist im Triumph immer Tragik eingepreist: »Wir hatten 2001 das erfolgreichste Jahr der Bayern-Geschichte, wir waren Deutscher Meister und Europapokalsieger geworden – danach kann es, von außen betrachtet, nur abwärts gehen. Ein paar Tage Jubel, dann kommen die Fragen: ›Wie wollen Sie das wiederholen? Warum klappt das dieses Jahr nicht? Was ist los? Was haben Sie falsch gemacht? Irgendwas haben Sie ja falsch gemacht.‹ Irgendwann stolperst du über die Titel, die du gewonnen hast.«

Ein ähnliches Problem haben die »Fahrstuhl-Mannschaften«, die nach dem Aufstieg in die höhere Liga gleich wieder absteigen. Noch zu DDR-Zeiten brachte es Hansa Rostock zwischen 1975 und 1980 zu sechs Auf- und Abstiegen in Serie. Bis heute einmalig ist der Abstieg des 1. FC Nürnberg 1969, der auf seine Meisterschaft 1968 folgte. Vom VfL Bochum heißt es, er habe den Abstiegskampf erfunden, alle zwei Jahre zelebriert er ihn. Der Verein ist gleichsam ein angewandte Form der Existenzphilosophie: Entweder steigt man gerade auf oder gerade ab. Man fragt nach den Gründen:

Hängt dieses Phänomen nur mit der Verteilung der Fernsehgelder zusammen, die frühere Verdienste berücksichtigen und daher die armen Vereine immer ärmer machen? Vielleicht. Aber der Hauptgrund scheint mir im Psychischen zu liegen: Offenbar ist es leichter, erfolgreich zu werden, als erfolgreich zu *bleiben*.

In Dortmund haben die Meisterschaften 1995 und 1996 sowie der Triumph in der Champions League über viele Jahre den Blick für das Machbare verstellt. Dabei hatte derselbe Präsident Gerd Niebaum, der dem Größenwahn verfiel, schon nach dem Gewinn der Meisterschaft 1995 gesagt: »Mit dem Titel seriös und erfolgreich zu leben ist häufig schwerer, als ihn zu gewinnen.« Nicht nur nach einer Niederlage, sondern auch nach einem Erfolg muss man »zurück ins Spiel finden«. Das sieht auch Dieter Hundt so, Präsident der Bundesvereinigung der Deutschen Arbeitgeberverbände und Aufsichtsratsvorsitzender des VfB Stuttgart: Vom Fußball könne man lernen, »Erfolge und Niederlagen gemeinsam zu verkraften.« Ja, auch Erfolge muss man verkraften.

Die Situation *nach* dem Erfolg ist bestimmt von einer Art Zielerreichungs-Blues: Was jetzt? Wenn das Spiel nichts zählt, der Erfolg hingegen alles ist, dann ist das Spiel selbst eine Hürde, die man gleichsam »überspringen« muss, um erfolgreich zu sein. Wer zu sehr den Erfolg will, der fällt danach in ein großes Loch, weil er vor lauter Erfolgswillen und Zielerreichung die Lust am Spiel selbst verloren hat. Das kann man sogar während eines Spiels beobachten. WM 1974, Endspiel Niederlande gegen Deutschland. Die Niederländer um Johan Cruyff hatten während des ganzen Turniers den besten Fußball gespielt – da waren sich alle Beobachter einig. Im Finale kam dann der frühe Erfolg: das Freistoßtor von Neeskens. Ein Tor ist normalerweise nur ein kurzer Seufzer der Erfüllung, dann pfeift der Schiedsrichter wieder an.

Dieses Tor aber wurde durch Cruyffs hypnotische Zielvorgabe »Ein möglichst frühes Tor!« von den Spielern überbewertet. Man schaue sich das Video noch einmal an. Wie verwandelt die niederländische Mannschaft plötzlich war! Als wenn die Spieler alle

Spannung verloren hätten. Lässig, nachlässig, fast arrogant wirkten sie nun. Was sollte schon noch passieren? Deutschland schien keine Chance mehr zu haben und spielte ja auch nicht eben gut. Bis plötzlich, kaum dass man es noch erwarten konnte, Bernd Hölzenbein über das Bein von Wim Jansen fällt – wie er später sagte, habe er sich »nicht gegen die Erdanziehung gewehrt«. Strafstoß. Tor. Die Wende. Deutschland wird Weltmeister.

Genau das ist das Problem vieler Führungskräfte, die mit ihrem Erfolgs- und Zielwillen bei ihren Mitarbeitern das Gefühl erzeugen, mit der Zielerreichung bräche das Glück aus.

Aber danach bricht höchstens etwas weg: die Triebfeder. Ja, man ist dann vielleicht Deutscher Meister geworden, man hat das beste Jahr der Unternehmensgeschichte hingelegt, man hat es endlich geschafft, die Wettbewerber abzuhängen. Und nun, was jetzt? Eine eigenartige Erfahrung der Leere befällt alle, die allzu sehr auf den Ansporn von Zielen setzen. Und dann plötzlich merken, dass Erfolg eine Gefahr für unsere Freude am Tun ist. Was erfolgreiche Spitzensportler immer wieder bestätigen: Erfolg macht traurig – dann, wenn man nur noch siegen will und nicht mehr spielen. »Nichts untergräbt die Moral so sehr wie zehn Jahre ununterbrochener Erfolg«, sagt Jean-Remy von Matt, Mitbegründer der Hamburger Werbeagentur Jung von Matt.

Was also tun, wenn man schon alles gewonnen hat, so wie Ottmar Hitzfeld? Wie hält er seine Spieler »hungrig«? Wie arbeitet man weiter an Perfektion, an der permanenten Verbesserung? Wie die Spannung halten nach frühem Erfolg? Durch neue Ziele? Nein, damit verschiebt man das Problem nur in die Zukunft. Durch höhere Ziele? Sicher nicht – wie kann man sich freuen, wenn die Ziele so hoch gehängt sind, dass man vielleicht gerade noch heran kommt, meistens unten durchläuft, sie aber selten übertrifft?

Erfolg macht traurig.

Es geht um etwas anderes: Wenn Sie nicht nur erfolgreich sein, sondern auch bleiben wollen, dann gilt es, die *Freude am Spiel selbst* wieder zu gewinnen. Es gilt, sich zu wehren gegen die Herabwürdigung des Spiels zugunsten des Sieges. Es gilt, sich daran zu erinnern, dass Sie mit Ihrem Tun das Leben eines anderen positiv beeinflussen wollten. Und dass Sie dabei für sich selbst das Beste tun, wenn Sie Ihr Bestes geben.

Wenn Sie die Freude am Spiel noch nicht verloren haben, dann kann Ihnen weder Sieg noch Niederlage etwas anhaben. Dann macht Erfolg Sie auch nicht traurig. Sie haben dann immer schon gespielt, um zu spielen. Für Sie gilt Sepp Herbergers »Nach dem Spiel ist vor dem Spiel.« Tief im Innern wissen Sie, dass ein Zielerreichen immer auch ein kleiner Tod ist. Sie wissen: Wie Sie ins Spiel hinein gehen, so gehen Sie auch heraus – mit leeren Händen. Mitnehmen können Sie nichts. Wie im Leben ist es Ihnen letztlich nicht so wichtig, ob Sie siegen oder nicht, was Sie gewinnen oder verlieren, Sie können es ohnehin nicht behalten. Wichtig ist nur, dass Sie in der Zeit zwischen Anpfiff und Abpfiff Ihr Bestes gegeben haben. Dass Sie Freude am Spiel hatten, schöne Augenblicke erlebten und anderen dabei Freude bereitet haben. Das Ziel ist dann nicht etwa das Tor, der Sieg, der Ruhm, die Meisterschaft. Sondern das Spiel selbst.

Das heißt nun alles nicht, dass Sie die Zielerreichung vernachlässigen, den Erfolg verwerfen sollten. Aber Sie sollten ihn nicht überbewerten. Erwarten Sie nicht zu viel von ihm! Wenn Sie mit Liebe und Hingabe das tun, was Sie tun, dann kann Sie weder Sieg noch Niederlage irritieren. Ja, eben auch der Sieg nicht, denn manchmal verleiht Erfolg auch Flügel: Der 1. FC Kaiserslautern stieg 1998 in die Bundesliga auf und wurde sofort Deutscher Meister. Ein Beispiel für die Ewigkeit. Weil die Meisterschaft eben *kein* Ziel war?

Die Angst vor dem Fehler

Was tun mit dem angenommenen Ball? Wo sind meine Mitspieler? Wo ist der Gegner? Sind es gleich mehrere? Direkt weiterspielen? Erst einmal halten? Dribbeln? Sicheren Ball nach hinten? Riskanten Ball nach vorne? Spiel nach außen verlagern?

Fußball ist Stress, ein Spiel unter Zeitdruck. Eine, vielleicht zwei Sekunden hat der Spieler Zeit, eine Entscheidung zu treffen, am besten schon vor der Ballannahme. Auf einem Spielfeld, das faktisch immer kleiner geworden ist. Denn die moderne Devise »In Ballnähe in Überzahl kommen – egal ob im Angriff oder Verteidigung«, hat die Räume eng gemacht. Natürlich, das Spielfeld ist immer noch regelgerecht etwa 70 Meter breit und 105 Meter lang. Aber die tatsächlich situativ bespielte Fläche ist deutlich geschrumpft, hat sich gleichsam halbiert. Entsprechende Analysen sprechen von etwa 40 mal 50 Metern. Das Spiel hat sich daher extrem verdichtet, der Handlungsdruck ist enorm, die Entscheidung muss sofort fallen. Und sie kann richtig sein, oder falsch. Meistens ist sie falsch.

Fußball ist ein Fehlerspiel. Fortwährend versuchen die Spieler, mit dem unbeholfenen Fuß den Zufall zu überlisten – vergeblich, wie wir wissen. Auch die genialsten Spielzüge gehen regelmäßig schief. Immerzu wird der Ball verloren, und das Ganze beginnt von vorn. Wenn es also etwas gibt, was den Fußball charakterisiert, dann ist es die Fehlerhaftigkeit der Versuche. Im Fußball wird »Unvermögen zelebriert«, so der Philosoph Martin Seel. Eigentlich kann die Aktion nicht gelingen – aber sie gelingt eben manchmal doch. Wie schnellt dann auf der Tribüne die Begeisterung in die

Höhe! Auch wenn der Torschuss daneben ging. Hätte man dauernd solche Höhepunkte, ließe es sich gar nicht aushalten. Das ist das Tolle am Fußball: Man muss sehr oft scheitern, um einige wenige Male erfolgreich zu sein. Und so adelt das häufige Misslingen die gelungenen Aktionen. Das hat auch eine humane Dimension. Wenn Ronaldinho oder Kaká vorbei schießen, spüren alle: Auch die Großen sind fehlbar.

Deshalb wird Handball niemals die Attraktivität des Fußballs haben. Beim Handball liegt der Ball eben buchstäblich zu sehr in der Hand des Spielers, um häufig genug scheitern zu können – was sich in der deutlich höheren Torquote ausdrückt. Man hat zu oft Erfolg – deshalb spiegelt Handball nicht die Lebenserfahrung der Menschen wider.

Dennoch ist der Fehler alles andere als beliebt. Er sollte möglichst nicht stattfinden. Das zeigt sich auch in der Sprache. Da ist vom »unnötigen Ballverlust« die Rede – gibt es auch »*nötige* Ballverluste«? Oder das »unglückliche Eigentor«: Manni Kaltz hat die meisten Eigentore der Bundesliga getreten, sechs an der Zahl – ob eines davon »glücklich« war? Und natürlich der »vermeidbare Fehler« – gibt es denn »*unvermeidbare* Fehler«? Niemand macht einen Fehler absichtlich (sonst wäre es kein Fehler, sondern Sabotage). Ein Fehler *passiert*. Insofern ist er immer »unvermeidbar«. Wenn er für einen Spieler vermeidbar gewesen wäre, hätte er ihn vermieden.

Die möglichen Konsequenzen sind allerdings höchst unterschiedlich, denn Fehler ist nicht gleich Fehler. Im August 2003 hatte Borussia Dortmund eine letzte Chance auf den Einzug in die Champions League. Amoroso schießt einen Elfmeter direkt in die Arme des gegnerischen Torwarts. Ein 20 Millionen Euro teurer Fehlschuss, denn das waren in etwa die Einnahmen, die die verbleibenden deutschen Klubs (München und Stuttgart) nach ihrem frühen Ausscheiden im Achtelfinale für ihre Teilnahme an der Champions League verbuchen konnten.

Entsprechend groß ist vielfach das Bedürfnis, individuelle Fehler zu reduzieren. »Die Fehlerquote ist der Schlüssel zum Sieg«, so Nationalspieler Torsten Frings, »natürlich ist das Spielsystem wichtig. Viel wichtiger ist aber noch, weniger individuelle Fehler zu machen.« Der Wunsch ist verständlich. Aber auch erfüllbar?

Sehen wir uns noch einmal die Bundesligasaison 2000/01 an: Am vorletzten Spieltag führen Schalke und Bayern punktgleich die Tabelle an. Das Torverhältnis spricht für Schalke. In der 90. Minute steht es jeweils unentschieden, sowohl bei Schalke gegen Stuttgart als auch bei Bayern gegen Kaiserslautern. Schalke könnte also aus eigener Kraft Meister werden – aber die Schalker Spieler zögern, wirken wie gelähmt. Dann entscheidet sich alles innerhalb von sieben Sekunden: Krassimir Balakov gelingt das Siegtor für Stuttgart, Alexander Zickler schießt das Siegtor für Bayern. Bayern geht mit drei Punkten Vorsprung in den letzten Spieltag und wird Meister. Schalke war dem Druck nicht gewachsen, gelähmt durch die Furcht, das zum Greifen nahe Ziel zu verpassen. Schalke wollte nicht verlieren; darüber hatte es vergessen zu gewinnen.

Solche Beispiele gibt es im Fußball zuhauf: Unter Druck springt dem lebenslang trainierten Profi der Ball vom Fuß, macht er den unverzeihlichen Rückpass, schießt weit am Tor vorbei, so als könne er aus drei Metern Entfernung keinen LKW treffen. Besonders deutlich wird dies beim Elfmeterschießen. Am vorletzten Spieltag der Bundesligasaison 1985/86 spielt Werder Bremen gegen Bayern München – der Erste gegen den Zweiten. Bei einem Sieg wäre Bremen Meister. Bis zur 89. Minute steht es Unentschieden, da bekommt Bremen einen Elfmeter zugesprochen. Michael Kutzop, der zuvor alle neun Elfmeter dieser Saison verwandelt hatte, tritt an – und trifft den Pfosten. Das Spiel endet unentschieden, Bremen verliert sein letztes Saisonspiel, Bayern wird Meister. In der nächsten Saison durfte Michael Kutzop noch weitere acht Elfmeter schießen – er verwandelte alle.

Stellen Sie sich diese Szene noch einmal vor – die Meisterschaft spitzt sich zu, Heimspiel, 89. Minute, das Publikum rast, nur ein Schuss, und die Meisterschaft ist gewonnen. Doch die Angst vor dem Versagen erzeugt das Versagen.

Thomas Dohmen vom Bonner Institut zur Zukunft der Arbeit hat die Elfmetersituation als Beispiel für arbeitspsychologische Situationen untersucht. Von 3619 Elfmetern in 41 Bundesligasaisons wurden 252 nicht verwandelt, überraschenderweise häufiger im eigenen Stadion. Offenbar ist es der Druck der eigenen Fans, der die Schützen nervös macht.

Die Angst vor dem Fehler lautet in konzentrierter Form: »Um zu gewinnen, darf man vor allem nicht verlieren.« Viele Trainer schwächen unbewusst ihre Spieler, indem sie in schwierigen Situationen nur noch Schlimmeres verhindern wollen. Gerät die eigene Mannschaft unter Druck, dann stellen sie auf die alten Muster um, vom ballorientierten Spiel zum mannorientierten. So wie viele Führungskräfte, kaum, dass ein Fehler passiert ist, die Verantwortung zuspitzen, Schuldige suchen, enge Ziele vorgeben.

Der konstruktive Umgang mit Fehlern aber ist eine Gratwanderung, wie sich am Fußball sehr schön zeigen lässt:

1. »Individuelle Fehler abzustellen lässt sich unglaublich schwer trainieren.« So der ehemalige Dortmund-Trainer Bert van Marwijk. Ich würde sogar weitergehen: Das lässt sich gar nicht trainieren! Es ist sinnlos, den einzelnen Spieler zu weniger Fehlern aufzufordern. Wer den Ballverlust verhindern will, braucht erst gar nicht auf den Platz zu gehen. Denn Fehler passieren. Gemacht werden sie weder gerne noch absichtlich. Verhindern kann man sie nicht, weder im Arbeitsleben noch im Fußball. Der DFB-Schiedsrichter Herbert Fandel sagt dazu: »Es ist für einen Schiedsrichter unmöglich, ein Spiel ohne Fehler zu pfeifen. Die Frage ist nur: Schafft er es, keine entscheidenden Fehler zu machen?« Wer zu viele oder entscheidende Fehler macht, gehört nicht auf diese Position. Dann hat Führung eine Personal-Einsatz-Aufgabe zu lösen. Sie muss den Spieler dorthin setzen, wo seine Neigung zu Fehlern keinen großen Schaden anrichtet. Oder auswechseln. Michael Meier, Manager des 1. FC Köln: »Ein schlechter Manager macht immer dieselben Fehler, ein guter immer neue.«

2. Ebenso unsinnig ist es, eine Tugend aufs Schild zu heben, mit der einst Trainer Hennes Weisweiler seinen verspielten Dribbler Pierre Littbarski gewähren ließ: »Man darf Fehler machen.« Was gütig und aufgeschlossen klingt, ist Unfug: Man kann nicht zu Fehlern auffordern. Der Spieler darf nicht bereit sein, einen Fehler zu machen. Sondern er muss fehlerfrei sein wollen. Dass das scheitern kann, liegt in der Natur der Sache. Sonst wäre es weder Fußball noch sonst irgendein Menschenwerk: Wenn irren menschlich ist, dann ist nicht-irren unmenschlich. Aber man kann nicht den Irrtum wollen.
3. Natürlich müssen wir alles tun, um einen Fehler möglichst zu verhindern. Aber er wird dennoch passieren – wenn wir ein Spiel gewinnen wollen. »Die Mannschaft wird Fehler machen, weil die dazu gehören«, so Jürgen Klinsmann über seine Nationalmannschaft in der WM 2006. Er wusste um die Abwehrschwäche der deutschen Mannschaft. Aber er sah einen höheren Wirkungsgrad darin, den Angriff noch weiter zu stärken, als an den Schwächen zu kurieren. Und die Fans – ja ganz Deutschland – war hingerissen von einem Fußball mit lange unbekanntem Mut zum Risiko, der keine Angst vor Fehlern kannte und den Sicherheitswahn mitsamt den Bedenkenträgern hinter sich ließ. Das war ein neuer Unternehmergeist ... der natürlich sofort kritische Stimmen erzeugte. So Oliver Kahn, der Controller: »Es ist schon haarsträubend, wie viele Fehler und Unzulänglichkeiten uns passieren. Solche Fehler werden nur von Euphorie übertüncht, aber da müssen wir schwer dran arbeiten, damit wir davon wegkommen.«

Ein schlechter Manager macht immer dieselben Fehler, ein guter immer neue.

Diese Spannung spüren wir auch in den Unternehmen. Gerade das Thema Fehler ist dort ein Tabu, sozusagen ein Schlachtfeld von Kurzschlüssen, Generalisierungen und Missverständnissen. Dass wir alles tun müssen, um möglichst fehlerfrei zu arbeiten, ist eine Platitude. Wenn man es aber übertreibt, dann wird es kontraproduktiv. Aus Angst vor Fehlern wuchert die Absicherungsmentalität, manche Mitarbeiter riskieren nichts mehr, entscheiden nichts mehr und handeln nicht mehr. Das Unternehmen wird langsam, man fokussiert sich auf Schwachstellen, statt die Stärken zu fördern. Eine Organisation, die fehlerfeindlich ist, verkrustet unaufhaltsam. Und in einer Kultur, in der die Fehlervermeidung über die Chancenverwertung herrscht, gibt es keine Innovation. Giuseppe Vita, Aufsichtsrat bei Schering, meint: »Der größte Fehler ist die Angst vor einem Fehler.«

Ist das ausschließlich ein Defizit des Einzelnen? Ist Mutlosigkeit ein persönlicher Mangel? Wir müssen doch fragen, was die Angst vor einem Fehler hervorruft. *Warum* sichern sich Mitarbeiter ab? Fragt man so, dann steht nicht das Individuum im Blickpunkt, sondern das *System*. Wenn zum Beispiel Ziele als Sollwert definiert werden, wird automatisch auch die Abweichung mitdefiniert. Wenn man konkret sagt, was unter Erfolg zu verstehen ist, dann sagt man ebenso konkret, was nicht unter Erfolg zu verstehen ist.

Und wenn schließlich die etwaige Zielerreichung mit hohen Belohnungen verknüpft wird, dann gehen Mitarbeiter den Weg, der sicher zur Belohnung führt. Nicht den kreativen, denn der könnte scheitern. Zudem ist in den letzten Jahren der Rechtfertigungsdruck dramatsich erhöht worden, und so darf man sich nicht wundern, wenn Mitarbeiter nur noch das tun, was sich rechtfertigen lässt. Wie viele Entscheidungen werden in Unternehmen täglich getroffen, nicht, weil sie sachlich richtig sind, sondern weil man kritischen Fragen ausweichen will? Das ist konsequent: Mitarbeiter werden für Fehler bestraft, selten für unterlassene Aktivitäten

Wie reagieren Sie als Führungskraft auf den Fehler Ihres Mitarbeiters? Ihr konkretes Verhalten in dieser Situation entscheidet darüber, ob sich Mitarbeiter etwas trauen, etwas riskieren, selbstverantwortlich handeln. Darüber entscheidet nicht das, was auf Hochglanzpapier steht, und auch nicht das, was Sie sagen. Sondern das, was Sie *tun* – wenn der Fehler passiert ist, Ziele nicht erreicht werden, im Konfliktfall. Ihr konkretes Verhalten wird von den Mitarbeitern sensibel registriert und generalisiert – das ist die Spielregel, nach der das Unternehmen tickt.

Fehlerfreundlichkeit bedeutet: das Unternehmen so gestalten, dass nicht aus Angst vor Fehlern alle Kreativität, alles Risiko und aller Wagemut vernichtet werden. Und trotzdem soll kein Mitarbeiter mit einem Streichholz den ganzen Laden in die Luft jagen können. Nur unter dieser Bedingung kann man Fehler machen, ohne dass gleich das ganze Spiel verloren ist.

Wir müssen uns also auf die Situation *nach* dem Fehler konzentrieren. Was können wir tun, um die Folgen des Fehlers zu mildern? Um wieder vom Fußball zu sprechen: Was tun nach Ballverlust? Die moderne Taktik sagt: Das Spiel wird in der Selbst-Organisation nach Ballverlust gewonnen. Wenn der Fehler passiert ist. Das bedeutet, jeder hilft jedem. Nicht zuschauen, sondern sofort und schnell einspringen! Nach Ballverlust sofort den Ballführenden wieder angreifen! Jeder ist immer und überall zuständig! Nicht lamentieren, nicht Schuld zuweisen! Der Kulttrainer Hans Meyer, befragt zu seinem überraschenden Erfolg mit Nürnberg 2006: »Von der Einstellung, der Fitness und der Moral her gibt es nur ganz unwesentliche Unterschiede zwischen den Mannschaften. Was wir besser machen, ist: In dem Augenblick, in dem unsere Mannschaft den Ball verliert, versuchen wir den Ball ein bisschen aktiver zurückzuerkämpfen als die anderen.«

Es kommt also darauf an, wie man mit Fehlern umgeht – Unternehmen mit gutem Fehlermanagement sind profitabler als andere. Das ist wissenschaftlich seit langem erwiesen. Aber was heißt *gutes Fehlermanagement*? Es heißt zusammengefasst:

1. Fehler vermeiden.
2. Wenn doch einer passiert ist: Ursachen beheben, nicht Schuldige suchen.
3. Fehler als Lernchance nutzen.

Beim Fußballspiel wie in der Wirtschaft gilt: Man muss etwas riskieren. Wer nur auf Sicherheit spielt, hat schnell verloren. Man muss sich ja nicht gleich in den Fanblock des Gegners stellen und beim Torerfolg der eigenen Mannschaft losjubeln.

Die Kunst des Verlierens

Italien gegen Deutschland, Halbfinale der WM 1970, Azteken-Stadion in Mexico-City. Schnellinger, der deutsche »Legionär« in Italien, erzwang die Verlängerung in der Schlussminute. Diese Verlängerung, nach 90 kraftraubenden Minuten, machte dieses Spiel zu einem der denkwürdigsten der Fußballgeschichte. Beide Mannschaften lieferten sich einen Schlagabtausch, der auch heute noch seinesgleichen sucht. Führung der Deutschen durch Gerd Müller, Ausgleich und schließlich Führung der Italiener. Wieder Ausgleich, wieder Müller. Schließlich das entscheidende Tor der Italiener. Fünf Tore in der Verlängerung – wer damals am Fernseher dabei war, war anschließend mit den Nerven am Ende. Auch beide Mannschaften waren fix und fertig, aber keine Mannschaft steckte je auf, sie kämpften auch in vermeintlich aussichtsloser Situation, buchstäblich »bis zum Umfallen«.

Nach dem Spiel erhoben sich die Zuschauer von ihren Sitzen, spendeten beiden Mannschaften minutenlang Applaus. Noch heute erinnert eine Gedenktafel im Stadion an diese denkwürdige Begegnung – als Beispiel für unbändigen Siegeswillen zweier Mannschaften, die nie aufgaben. Und auch noch in der Niederlage Größe bewiesen. Ja, man kann verlieren. Aber es kommt darauf an, wie man verliert. So wurde die Niederlage zu einem Sieg: Es folgten die glanzvollsten Jahre des deutschen Fußballs.

Dass durch Niederlagen Kräfte geweckt werden, welche die Siegeschancen beim nächsten Mal erhöhen, gehört zu den klassischen Annahmen der Motivationstheorie. Man spricht dann von »siegreichen Niederlagen«. Wie bei einer Schaukelbewegung kann man den Abwärtstrend zum neuen Schwung nutzen, der nach oben trägt. Ja, der Schwung kann so stark sein, dass er weiter nach oben führt, als man vor der Niederlage war.

Überblickt man die Stellungnahmen von Spielern und Trainern zum Thema, dann ist die Niederlage immer nur ein Sprungbrett für künftige Siege. Es ist eine Art Umweg, den man gehen muss, um dann doch wieder siegreich zu sein. Diese Fixierung auf den Sieg lässt kaum Raum dafür, der Niederlage auch einen *Eigenwert* zuzusprechen. Sie ist etwas zu Vermeidendes, was man möglichst schnell wieder verlässt.

Aber kann man nicht auch in der Niederlage etwas lernen, was man *nur* aus einer Niederlage lernen kann? Ja, dass sie notwendig ist, sonst gäbe es keine Siege: Der Kontrast macht Siege überhaupt erkennbar. Und dass es nur *ein* Mittel gibt, um im Fußball unbesiegt zu bleiben: keinen Fußball spielen. Und dass immer siegen langweilig ist. Und dass der Gegner auch eine echte Siegchance haben muss, sonst tritt er nicht an.

Alles das mag sachlich richtig sein, aber Niederlagen schmerzen dennoch und der Umgang damit ist nicht leicht. Das weiß auch ein Absolvent der Sporthochschule Köln, der im kolumbianischen Medellín, also im Zentrum von Armut und Kriminalität, seit mehreren Jahren mit Jugendlichen arbeitet. Über Fußball lernen sie, Respekt zu zeigen, fair zu kämpfen und vor allem Niederlagen anzuerkennen. Sie lernen, dass das *Streben* nach dem Sieg die Bedingung des Spiels ist. Nicht der Sieg selbst. Dass ein Sieg »um jeden Preis« nicht erstrebenswert ist – wenn der Preis die Schädigung des Gegners ist. Dass der Gegner ein Gegen-Spieler ist, kein Feind. Dass er gleichzeitig Gegner *und* Partner ist – denn ohne ihn gäbe es kein Spiel. Es fände einfach nicht statt.

Es stärkt die eigene Souveränität, dem Sieger den Sieg zu gönnen.

Das Problem ist also nicht die Niederlage als solche, sondern wie wir damit umgehen. Hermann Bausinger hat einen Blick in Fußball-Liederbücher geworfen und dort festgestellt, dass am Ende immer gesiegt wird. Und einmal heißt es da, nachdem über vier Strophen lang gesiegt wurde: »... doch kommt es einmal umgekehrt / dass unsre Elf verlor / dann waren es die andern wert / drum seien sie von uns geehrt.« Bemerkenswert scheint mir vor allem die Zeile » ... dann waren es die andern wert«. Denn die Fähigkeit, mit dem eigenen Verlieren, ja vielleicht sogar Versagen umzugehen, beinhaltet eine klare Absage an die Missgunst. Dem Sieger den Sieg auch *gönnen* mag nicht leicht sein, aber es entlastet ungeheuer. Es stärkt die eigene Souveränität, die persönliche Würde.

Mehr noch: Vom Fußball kann man lernen, dass sogar Gewinnen unangenehm sein kein – dann, wenn es »unverdient« ist. Und Verlieren vornehm – dann, wenn man Pech gehabt hat und es nicht beklagt. Bei der letzten Weltmeisterschaft gab es bis auf eine Ausnahme – den Weltmeister Italien – 31 Teams, die früher oder später ausscheiden mussten. Darunter auch die deutsche Mannschaft. Sie tat es, wie die meisten, mit Anstand. Dabei hätte sie durchaus Grund gehabt, die Sperre ihres Leistungsträgers Frings durch die italienische Initiative und den FIFA-Beschluss als unfair zu beklagen. Sie tat es nicht. Für mich die schönste Episode dieses »Sommermärchens«.

Souverän ist Verlieren auch, wenn man die Dominanz des Gegners anerkennt. So wie es Oliver Kahn im April 2006 tat, nachdem er zur Nummer zwei nach Jens Lehmann gemacht wurde. Seine Zustimmung, sich auf die Bank zu setzen, und wie er klar und ohne Unterton die Niederlage akzeptierte, erwuchs aus der Autorität eines Athleten, der das Auf und Ab einer Karriere kennt und einzuordnen weiß. So kann man eine Niederlage in einen Sieg verwandeln.

Die meisten Menschen haben nicht das geringste Problem, die Verantwortung für den Sieg, das Gelungene, das Geglückte in ihrem Leben zu übernehmen. Für das Positive erklären sich die meisten – mal stillschweigend, mal prahlerisch – verantwortlich: »Wir waren einfach taktisch überlegen.« Ich habe jedenfalls noch niemanden sagen hören: »Was bin ich froh, dass die gegnerische Mannschaft dafür gesorgt hat, dass wir gewonnen haben. Sie waren schlecht aufgestellt, hatten noch das Mittwochspiel in den Knochen, mussten auf ihre besten Spieler verzichten, sodass wir überraschenderweise gewinnen konnten.«

Wenn die Dinge aber schief gegangen sind, mutiert man plötzlich zum Opfer. Das Urheberrecht wird abgewiesen, an die Umstände, das Pech, die anderen: »Wenn der Schiedsrichter uns drei Minuten vor Schluss einen glasklaren Elfmeter nicht gibt, kann man nicht gewinnen.« Kann man nicht? War man 87 Minuten nicht dabei? Peinlich ist auch die Ausrede »Wir sind früh kalt erwischt worden«. Ist man davon ausgegangen, dass ein Fußballspiel erst nach einer Viertelstunde beginnt? Und als letzte Zuflucht dient immer das Verletzungspech. Man inszeniert sich als lebendig begraben unter der Geröllhalde der Umstände.

Mit alldem will ich nicht sagen, dass es so etwas wie Opfer gar nicht geben kann, es keine Schicksalsschläge oder unvorhersehbaren Ereignisse gibt. Es gibt Menschen, die täglich mit einem Übermaß an Problemen konfrontiert sind. Sie haben das Gefühl, dass das, was ihnen zustößt, nicht fair ist, und sie mögen Recht haben. Aber nach meiner Erfahrung wird das Konto in diesem Punkt oft und gern überzogen. Viele Opfergeschichten sind nichts anderes als der Versuch, die Verantwortung abzuschieben. Auf den Gegner, auf die Spielverhältnisse, auf die englischen Wochen ... wie es einst Uwe Wegmann beklagte: »Zuerst hatten wir kein Glück und dann kam auch noch Pech dazu.«

Zur Kunst des Verlierens gehört es, die Ursachen für die Niederlage bei sich selbst und nicht bei den Umständen zu suchen. Nur dann kann man seine Selbstachtung erhalten: »Übernimm allein die volle Verantwortung für die Niederlage, aber teile den Erfolg.« Das ist eine der Lektionen, die man – wenn man wollte – von Jürgen Klinsmann lernen konnte.

Das Entscheidende zu dem Thema aber hat Mark van Bommel gesagt, holländischer Mittelfeldstar bei Bayern München: »Wenn du oben mitspielen willst, darf es keine Alibis geben.« Das kenne ich auch aus der Wirtschaft: Ich habe einige Unternehmensführer kennen lernen dürfen, denen kein negativer Kommentar über den Wettbewerb zu entlocken ist. Chapeau!

Schnell wird man mit Vertrauen

1972 wurde Deutschland Europameister – mit der besten deutschen Nationalmannschaft aller Zeiten, besser als die WM-Siegermannschaften von 1954, 1974 oder 1990. Es gibt kaum einen Kenner, der sich diesem Urteil nicht anschlösse. Hier kam alles zusammen: Denken und Handeln, Ergebnis und Schönheit. Diese grandiose Schau des »kompletten« Fußballspiels wurde – mindestens zum Teil – dadurch möglich, dass im Vergleich zu heute *Standfußball* gespielt wurde. Man schaue sich die Aufzeichnungen von damals an: Wie viel Zeit man hatte beim Anbieten, Stoppen, Schauen, Drehen, Halten, vielleicht Dribbeln, dann lange Flanke! Wie entspannt trabend der ballführende Mittelfeldspieler den nächsten Pass planen konnte! Geht man noch weiter zurück und vergleicht Spiele heute mit denen aus den 60er Jahren, dann fällt auf, dass alle zweiundzwanzig Spieler die neunzig Spielminuten ohne wesentliche Müdigkeitserscheinungen überstanden. Damals war es noch verboten, auszuwechseln. Willi »Ente« Lippens von Rot-Weiss Essen hat diese Zeit auf den Punkt gebracht: »Ich habe nie eine Chance hastig vergeben, sondern lieber gemütlich vertändelt.«

Heute gilt: Erstens den Ball flach halten, zweitens soll die Verweildauer am Fuß so kurz wie möglich sein und deshalb müssen sich – drittens – sofort mehrere Spieler aktiv anbieten. Das geht nur mit intensivem Spiel *ohne* Ball! Das meint schnelle Ball-Stafetten, die Spieler sind dauernd in Bewegung. Der Rückpass in die sicheren Arme des Torhüters ist verboten. Die langen Flugbälle aus der Netzer-Overath-Ära, die sich langsam und bananengleich in den Strafraum senkten – sie sind fast nur noch als Verzweiflungsball akzeptiert, allenfalls bei schnellen Kontern. Oder noch als Eckstöße, aber auch die werden meist schnell und flach auf den kurzen Pfosten ausgeführt und von dort aus per Kopf verlängert. Ebenso fast verschwunden sind die weiten Abschläge der Torhüter. Diese Zeit hat heute auf Top-Niveau einfach keiner mehr.

Das hervorstechendste Beispiel für den schnellen Fußball ist die englische Premier League. Sieht man im Fernsehen nach einem Bundesliga-Spiel ein Spiel aus der englischen Division, dann fällt einem sofort der riesige Tempo-Unterschied auf. Bundesligaspieler halten den Ball durchschnittlich 2,8 Sekunden; britische Profis etwa 1,5 Sekunden. Der Weißrusse Alexander Hleb, der 2005 vom VfB Stuttgart zu Arsenal London wechselte: »In der Bundesliga hast du viel Zeit. In England geht es wusch, wusch, wusch – alles unglaublich schnell.« Nicht zuletzt deshalb steht die Premier League im UEFA-Ranking 2007 auf Platz eins, die Bundesliga auf Platz fünf. Deutschland konserviert hier vielfach noch einen Fußball, der gegenüber England, Spanien, ja selbst Italien zeitlupenhaft wirkt. Deshalb werden Spieler wie Marcelinho in der Bundesliga gefeiert – international wirken sie wie Stehgeiger.

Der erste, der die deutsche Langsamkeit aufdeckte, was Jürgen Klinsmann: Wer zu langsam spiele, könne heute nicht mehr erfolgreich sein. Das war eine peinliche Wahrheit für die Mehrheit der deutschen Bundesliga-Trainer, die sich im deutschen Mittelmaß suhlen, international aber schon länger keine Rolle mehr spielen. Klinsmann hingegen wollte seine Spieler nicht deutsch spielen lassen, nicht brasilianisch, nicht modern oder unmodern, sondern einfach schnell. Sein Ideal ist der »Ein-Kontakt-Fußball«, das schnelle Direktspiel, wie es Arsène Wenger von Arsenal London an guten Tagen mit seiner Mannschaft zeigt. Der schnelle blinde Pass durch die Mitte, bei dem die Stürmer in Strafraumnähe den Ball erwarten – das bringt Überraschung, kürzere Wege zum gegnerischen Tor und damit mehr Durchschlagskraft für die Offensive.

Was zählt, ist Hochgeschwindigkeitsfußball. Spielsysteme spielen eine untergeordnete Rolle. Wichtiger als 4-4-2, 4-2-3-1, Raute oder Linie ist die Geschwindigkeit - und die gibt es nur mit Vertrauen.

Lässt man den Ball fliegen, dann ist das mutig - und mutig ist man nur im Vertrauen auf den anderen. Wird jedoch der Ball lange am Fuß geführt und vorsichtig von Mann zu Mann geschoben, scheut man das Risiko, geht man auf Nummer sicher, was an die Kontrollexzesse in den Unternehmen erinnert. Und deshalb ist das schnellste Spiel das direkte Spiel der schnellen Pässe. Thomas Doll, damals Trainer des Hamburger SV, sagte über die WM 2006: »Das Turnier hat gezeigt, wie wichtig das schnelle Umschalten von Abwehr auf Angriff ist. Dadurch müssen sich die Spieler mehr vertrauen.«

Wann wird eine Mannschaft schnell? Wenn der Spieler schon *vor* dem Pass in den freien Raum startet. Einen Pass kann man daher als Vertrauensbeweis beschreiben. Der Pass in den freien Raum ist doppeltes Vertrauen - der Passgeber vertraut, dass der Mitspieler losläuft und den Ball erreichen kann; der Passnehmer vertraut, dass der Mitspieler den Ball in den freien Raum spielt, genau in dem Augenblick, in dem die Abseitsregel noch nicht greift. Wenn der Pass präzise gespielt wird und der Stürmer den Ball sofort kontrollieren kann, wird kein Verteidiger den Torschuss verhindern. Also: Vertrauen macht den Ball schnell.

Das alles können wir fast eins zu eins auf die Wirtschaftswelt übertragen. Wer heutzutage am Markt sein Geld verdient, der hat's eilig. Denn die verschärften internationalen Wettbewerbsbedingungen kennen nur eine Dimension: Tempo, Tempo und nochmals Tempo. Geschwindigkeit wird immer wichtiger für Innovation, Produktionszeiten, Logistikprozesse, Angebotserstellung. Marktlücken sind nur noch Gletscherspalten. Ein Drittel der heutigen Firmen weltweit hat vor 15 Jahren noch gar nicht existiert.

Die Managementpraxis hat aber mit der erhöhten Geschwindigkeit auf den Märkten nicht Schritt gehalten. Sie unterscheidet sich in ihren bürokratischen Abläufen kaum von derjenigen, die 1950 gelebt wurde. Die größte Management-Herausforderung der voraussehbaren Zukunft ist es daher, mit der erhöhten Umgebungsgeschwindigkeit Schritt zu halten. Unternehmen müssen ihre Organisation so bauen, dass sie sich in derselben Geschwindigkeit verändert wie die wirtschaftlichen Rahmenbedingungen. Es zählt daher nicht mehr die investierte Arbeitszeit, sondern die Schnelligkeit, mit der neue Probleme identifiziert, auf originelle Weise gelöst und überzeugend vermittelt werden. Das geht nur, indem Sie das System verändern, das auf Kontrolle durch Macht und finanzielle Anreize aufgebaut ist. Sie müssen den Anteil vertrauensbasierten Handelns erhöhen. Nur so können Sie schneller und flexibler auf Kundenwünsche und Marktveränderungen reagieren. Ein Mensch handelt entschiedener, wenn er nicht darüber nachdenken muss, ob er jetzt festgezurrte Regeln verletzt. Er ist schneller, wenn er nicht jeden einzelnen Schritt seines Handelns absegnen lassen muss. Er ist flexibler, wenn er nicht erst seine Zielvereinbarung oder Stellenbeschreibung oder das ISO-Handbuch durchblättern muss.

Sie müssen also loslassen können. Sie werden mehr Geschwindigkeit aufbauen, wenn Sie das Kontrollsystem zurückfahren, jemand anderen nach vorne lassen und echte Leistungspartnerschaften eingehen. Sehen Sie den freien Mitspieler? Oder brauchen Sie nach der Ball-Annahme eine Ewigkeit, bevor Sie den Ball weiterspielen? Ob Sie es können, ob Sie es *hinreichend* können, ist eine Mentalitätsfrage – denn damit ist Kontrollverlust verbunden. Wie lächerlich sieht man aus, wenn man den Ball in den freien Raum schiebt und der Mitspieler hat nicht mitgedacht! Dennoch muss man das Vertrauen haben, dass der andere sich in die eigene Absicht hineindenkt und sich mit allen Kräften bemüht, den Ball auch zu erreichen. Das geht, wie man weiß, oft schief. Aber das Misslingen lässt nicht sofort das Vertrauen erodieren. Nicht jede enttäuschte Erwartung ist ein Vertrauensbruch, wenn ich darauf vertraue, dass der andere alles in seinem Vermögen liegende getan hat.

Werden Sie schnell – fahren Sie das Kontrollsystem zurück.

Eine wichtige Lektion des Fußballs für die Wirtschaft ist: Wir bekommen die Dinge nicht schneller bewegt, indem wir uns schneller bewegen. Wir erhöhen unsere Handlungsgeschwindigkeit nicht, indem wir uns abhetzen und viele Dinge gleichzeitig oder mit höherer Schlagzahl machen. Wir müssen lernen, dass »Geschwindigkeit erhöhen« nichts zu tun hat mit »härter arbeiten« oder »länger«. Das einzige, was wirklich schnell macht, ist Vertrauen. Wir können schneller werden, indem wir den *Ball direkter spielen*, indem wir Richtlinien entrümpeln, Monitoring-Systeme reduzieren, Reporting-Instrumente auf das Nötigste zurückschneiden, kurz: das Kontroll-System zurückfahren. Das wird letztlich nur annäherungsweise möglich sein. Aber das Mehr oder Weniger entscheidet den Wettbewerb – im Fußball wie im Unternehmen.

Herbert Chapman, der legendäre Trainer von Arsenal London in den 30er Jahren war dieser Ansicht: »Je schneller man vor das Tor des Gegners kommt, desto weniger Hindernisse stellen sich einem in den Weg.« Lassen Sie uns umformulieren: »Je weniger Hindernisse sich einem in den Weg stellen, desto schneller kommt man vor das Tor des Gegners.«

Man spielt für die Tribüne – der Kunde im Zentrum

Wir alle kennen die Szene: Das Spiel war hundsmiserabel, eine neunzig Minuten dauernde Quälerei. Dennoch hat eine Mannschaft glücklich gewonnen. Der Trainer der siegreichen Mannschaft wird weiter gequält: Er muss zum Interview. Dort empfiehlt er, die Zuschauer sollten das Spiel möglichst schnell vergessen, man müsse es »abhaken«. Bayern-Manager Uli Hoeneß, nach einem schmucklosen 1:0-Sieg gegen den FC Brügge in der Champions League: »Wir spielen nicht im Zirkus Krone, wir spielen um Punkte, und die haben wir.« Seit 1969, dem Jahr, in dem sie erstmals Meister wurden, stehen die Münchner Bayern für Ergebnis-Fußball. »1:0-Künstler« nennt man sie, »Duselbrüder«, oder auch »Angestellten-Fußballer« – eine interessante Wortkombination. Ihr phasenweise minimalistischer Zweckfußball gibt erst gar nicht vor, etwas anderes zu sein: »Wir werden das Dilemma nicht lösen können, dass der Zuschauer an Toren interessiert ist und die Aktiven, wenn die Bedeutung des Spiels groß ist und es ums Ausscheiden geht, die Defensive stärker berücksichtigen.« So der damalige Bayern-Trainer Felix Magath.

Das hat Tradition. Schon die deutsche Weltmeisterschaft 1954 gegen die Ungarn um Puskas und Hidegkuti geißelte man als Sieg des nüchternen Zweckfußballs über die Ästhetik. Von »deutschen Robotern« war die Rede. Und auch heute ist Deutschland das einzige Land, in dem der Begriff »Schönspieler« negativ besetzt ist.

Dabei sind ermauerte Pflichtsiege keineswegs auf deutsche Mannschaften beschränkt. In Italien ist Juventus Turin fast schon traditionell das Maß für Kontroll- und Erstickungsfußball. Der Beleg für Emotionslosigkeit im Wirtschaftszweig Fußball.

Die Begründung: Fußball sei ein Zustellungsspiel, ein Verengungsspiel, ein Unterbindungsspiel – und erst dann ein Entfaltungsspiel. Jedenfalls stünden in den Annalen die Weltmeister, nicht die Schönspieler. Ist das die ganze Wahrheit?

Nein, sagen die Vertreter des *Erlebnis*-Fußballs. Wieso sich mit einem 1:0 zufrieden geben, wenn das Ergebnis auch 5:4 lauten kann? Die Behauptung, dass nur die Punkte zählen, solle vom Versagen ablenken. Man habe den Zuschauer betrogen. Die Festlegung auf Resultate, auf »Arbeitssiege« ließe die Fans unbefriedigt.

Auch diese Argumente haben ihre Tradition. Schon immer fordern die Fans der brasilianischen Seleçao das »jogo bonito«, das schöne Spiel. Auch das überraschende Ausscheiden bei der WM 2006 wurde in der brasilianischen Presse kaum so negativ kommentiert, wie es dem pomadigen Auftritt angemessen gewesen wäre. In England steht Arsène Wenger von Arsenal für hohe Ballkunst, er ist besessen vom perfekten Spielzug, vom Traumtor, als zählte das mehr als ein Abstauber. Und dann spielt man auch mal wie 2006 gegen Middlesbrough: 17:1 Torschüsse, 70 Prozent Ballbesitz, Endstand 1:1. Ebenso Real Madrid: Niemand dort würde ein 1:0 wollen, wenn man in denselben 90 Minuten auch ein 4:3 haben könnte. Real-Trainer Fabio Capello musste gehen, weil sein krudes Defensivgekicke zwar erfolgreich, aber nicht attraktiv und den »Galaktischen« nicht würdig war.

SAP-Gründer Dietmar Hopp, Sponsor des 1899 Hoffenheim, meint dazu: »Zur Begeisterung gehört auch ein attraktives Spiel. Der ewige 1:0-Fußball bringt die Zuschauer doch auf die Palme.« Denn nur scheinbar wird im Fußball nichts anderes hergestellt als ein bezifferbares Resultat. Eigentlich geht es darum, diejenigen zu unterhalten, die nicht mitspielen: Die Zuschauer. Sie sind es, die den Fußball zu einem Ereignis machen. Wer das nicht versteht, der sollte mal zu einem Spiel gehen, wo sie fehlen.

Ohne Zuschauer existierte der Fußball nicht – zumindest nicht in der Form des Warenaustauschs. Der Tauschcharakter des Fußballs ist dabei für den Zuschauer nicht bloß die Erwartung des Erfolges. Es ist die Erwartung von Schönheit. Es ist die Erwartung, überrascht zu werden, dass das Spielgeschehen hin- und herwogt. Das Publikum honoriert Schönheit, Engagement, den überraschenden Spielzug, auch bei Niederlagen. Es will ein schönes Spiel sehen, sonst könnte es auch nur die Tabellenstände bestaunen.

Fußball ist also ein Spiel für Kunden, das so tut, als zähle das Ergebnis. In der Wirtschaft ist es oft umgekehrt: ein Spiel um ein Ergebnis, das so tut, als zähle der Kunde. Manche Manager wünschen sich, dass es im Geschäftsleben um nichts anderes geht, als um das betriebswirtschaftlich ausweisbare Ergebnis und die Steigerung des Unternehmenswertes. Der Kunde ist dafür lediglich Mittel zum Zweck.

Es kann tatsächlich keinen reinen Spaß-Fußball geben, der sich nicht um Resultate kümmert. Schönheit und Funktionalität müssen zusammenfallen. Zählbare Ergebnisse, Sieg und Niederlage bilden jedoch nur den Rahmen für das Spiel. Sie sind notwendig, aber sie sind nicht der Zweck des Spiels. Eigentlich ist das zählbare Ergebnis eher ein notwendiges Übel, um das Spiel spannend zu halten, sonst kommen die Zuschauer nicht. Und vor allem bleiben sie nicht. Das eindeutige Resultat ist also die *Bedingung* für den Kampf zweier Mannschaften. Und dieser Kampf hat nur einen Zweck: die *Unterhaltung des Zuschauers*.

Die Frage »Ergebnis-Fußball oder Erlebnis-Fußball?« läßt sich heute klarer beantworten, betrachtet man die ganze Breite der wirtschaftlichen Aktivitäten der Vereine. Nehmen wir den FC Barcelona – das europäische Maß aller Dinge im Fußball, im Management und im Marketing. Anstatt ihre Trikots mit Handy-Anbietern oder Erdgas-Erzeugern zu beschriften, werben sie für die Unicef, das Kinderhilfswerk der Vereinten Nationen – und zahlen dafür 1,5 Millionen Euro, statt 20 Millionen einzunehmen. Außerdem werden die Saisontickets bewusst niedrig gehalten – 100 bis 850 Euro (beim FC Chelsea liegen Saisontickets zwischen 1000 und 1800 Euro).

Ferran Soriano, Vizepräsident des Vereins: »Es geht nicht darum, zu gewinnen, sondern zu unterhalten. Die wichtigste Aufgabe des Klubs ist es nicht, Geld zu machen, sondern etwas Gutes für die Gesellschaft zu tun.«

Ist das Menschenliebe? Vielleicht. Kluges Kalkül? Ganz sicher. Es ist schlicht ökonomisch: Sich als moralisch integren Klub zu präsentieren hat nämlich einen größeren Einfluss auf den Verkauf von Fanartikeln als das Erringen der Meisterschaft. Die Fans schmücken sich mit Haltung und Lebensgefühl: »Barca, más que un club« (Barca, mehr als ein Klub). Der Verein hat erkannt, dass es im Kampf um profitable Marktanteile nicht mehr ausreicht, ein Starensemble zu finanzieren, den besten TV-Deal abzuschließen und die Meisterschaft zu gewinnen. Wichtig sind vielmehr die Werte, mit der die Marke aufgeladen wird, das Image des Vereins im umgebenden Meinungsklima und die Art und Weise, wie Siege zustande kommen – *wenn* sie zustande kommen.

Denn das ist die Grenze des Kalküls. Man muss nicht die Meisterschaft gewinnen – aber man muss oben mitspielen. Wenn man also in der Liga bleibt, dann ist es nicht mehr so wichtig, dass man gewinnt, sondern *wie* man gewinnt. Dann gewinnt man auch das Geld-Spiel: dann steigen die Mitgliederzahlen, dann schießt der Trikotverkauf in die Höhe, dann sind die Umsätze auf Dauer höher. Und Spaß macht es auch noch: Der FC Barcelona ist in England, Italien und Deutschland der beliebteste ausländische Klub.

Das heißt also: Es geht um die Wiedereinführung des Zuschauers in den Fußball. Und das gilt, wie mir scheint, auch für die Wirtschaft: Es geht um die Wiedereinführung des Kunden in die Unternehmen. Das schließt wirtschaftlichen Erfolg nicht aus. Im Gegenteil. Aber die Renditeerwartungen der Investoren zum Zweck der Veranstaltung zu machen, das verwechselt notwendige und hinreichende Bedingung: Wir müssen essen, um zu leben; aber wir müssen nicht leben, um zu essen. Um es deutlich zu sagen: Der Zweck eines Unternehmens ist es nicht, Profit zu machen. Profit ist nur ein Indikator für erfolgreiches Arbeiten und eine *Bedingung* zum

Weitermachen. Er ist »notwendig«, er sichert das Überleben, aber er ist nicht der »Sinn« unserer Arbeit.

Vielmehr geht es darum, die Lebensqualität der Kunden zu steigern. Unsere Arbeit braucht einen Adressaten, einen Empfänger, für dessen Leben mein Produkt oder meine Dienstleistung wichtig sind. Motivation, Leistungsdrang und Arbeitszufriedenheit sind jedenfalls mit dem Zwang zum Geldverdienen nicht hinreichend erklärbar.

Deshalb ist mangelnde Kundenorientierung nichts anderes als mangelndes Sinn-Erleben. Dann ist die Energie innen gebunden, sie weist nicht nach außen, auf einen Beitrag zur Lebensqualität anderer. Arbeit wird als sinnlos erlebt.

Wenn wir den Sinn unserer Arbeit nicht mehr sehen, beginnen wir meistens über Motivation zu reden. Das Management startet dann Lächeloffensiven, erinnert die Menschen daran, dass der Kunde König sei, dass ja eigentlich der Kunde das Gehalt bezahle, oder erzählt Geschichten von der »Sehnsucht nach dem weiten Meer« beziehungsweise vom Unterschied zwischen den beiden Männern, die im Steinbruch arbeiten, der eine aber nur seinen Lebensunterhalt verdiene, der andere hingegen eine Kathedrale baue. Man versucht zu motivieren für etwas, was die Mitarbeiter nicht mehr fühlen, nicht mehr spüren, nicht mehr erleben.

Begeisternde Arbeit ist Arbeit für andere.

Das ist vergebliche Liebesmüh. Kundenorientierung kann man nicht predigen oder durch Regeln herbeizwingen. Man muss vielmehr Arbeit so anlegen, dass der einzelne Mitarbeiter die Zuwendung zum Kunden als sinnvoll erlebt, sie selbst als Erfordernis ansieht. Dann ergibt es für ihn Sinn, sich dem Kunden zuzuwenden. Wer leibhaftig wahrnimmt, dass der Kunde ihn braucht, lernt auch, was dafür zu tun ist. Der Leistungswille resultiert dann aus dem Erleben des eigenen Beitrags. Er muss nicht vom Ziel gezogen werden; er kann aus dieser Wurzel wachsen. Und dann stimmt auch das Ergebnis.

Das gilt genauso für die internen Kunden – die Mitarbeiter.

Auch von ihnen wird der Sieg im Wettbewerb herbeigesehnt, aber nicht um jeden Preis. Mit dem reinen Ergebnisfußball ist in vielen Unternehmen die Spielfreude gestorben. Dort nennt man sie zwar »Arbeitsfreude« oder »Motivation« oder »Kundenorientierung«, aber das spielt keine Rolle mehr, wenn sie tot ist.

Was also ansteht, ist wieder die Auseinandersetzung über den Sinn der Organisation: Warum gibt es uns? Was ist unsere Aufgabe? Welchen Nutzen stiften wir? Beschäftigen wir uns mit den richtigen Dingen? Darum geht es: Den Beitrag eines Unternehmens zur gesellschaftlichen Lebensqualität zu veranschaulichen. Arbeit als Arbeit für andere wieder *erlebbar* zu machen. Wirtschaftlichen Erfolg haben wir, wenn wir andere erfolgreich machen. Der Zweck des Unternehmens ist es nicht einfach nur Profit zu machen, sondern Profit zu machen, um etwas Besseres entstehen zu lassen, das Leben angenehmer, einfacher, lebenswerter zu machen, kurz: die Welt zu verbessern.

Wir müssen nicht nur Wert schaffen, sondern auch Werte balancieren. Unser wirtschaftliches Handeln muss auch für die Menschen innerhalb und außerhalb des Unternehmens zustimmungsfähig sein. Ohne Profit schaffen wir es nicht, ohne Spielfreude ertragen wir es nicht.

Trainerwechsel ist meist die falsche Strategie

Erinnern Sie sich noch? Er ließ seine Spieler gerne über Glassplitter laufen. Doch dann stand er vor dem Scherbenhaufen seiner Karriere. Kaum jemandem fiel die tiefe Ironie der Ereignisse auf: Der selbsternannte Motivierungskünstler Christoph Daum scheiterte an seinem Drogenkonsum. Woran auch sonst? Dass beim DFB immer noch die Kampagne »Keine Macht den Drogen« lief, machte die Angelegenheit nicht besser. Aber man schaute bei Daum einfach nicht so genau hin, schließlich wollte man den Fehlgriff Erich Ribbeck endlich ungeschehen machen. Dessen Ende war zwar lange absehbar, auch wenn die EM-Pleite doch viele überraschte – aber es war keine Vorbereitung getroffen worden. Wo doch schon Ribbeck eine Notlösung gewesen war – für den erfolgreichen, aber ungeliebten Berti Vogts.

Das Trainergeschäft ist kurzlebig geworden. Etwa 300 Trainer sind seit dem Start der Bundesliga 1963 vorzeitig entlassen worden. Der erste war der 1998 verstorbene Herbert Widmayer, den der 1. FC Nürnberg drei Monate nach Beginn der Bundesliga entließ. Die meisten Trennungen leistete sich Eintracht (»Zwietracht«) Frankfurt – 20 Trainer mussten dort vor Vertragsende gehen. Der frühere Boss von Fortuna Köln, Jean Löring, feuerte schon einmal den Trainer in der Halbzeitpause – den Ex-Nationaltorwart Toni Schumacher. Das Wechselfieber erreichte eine Höchsttemperatur am 2. Februar 2007, als mit Felix Magath, Thomas Doll und Jupp Heynckes gleich drei Bundesligatrainer innerhalb von 24 Stunden ihren Job verloren. Rekord in 44 Jahren Bundesligageschichte.

Trainer werden entlassen, wenn die Ergebnisse nicht mehr den Erwartungen entsprechen. Wenn die Fans murren und die Meinungsmacher fordern, dann ist von Vereins-Chefs kaum das Eingeständnis überhöhter Erwartungen, falscher Planung und missglückter Einkaufspolitik zu erwarten. Vielmehr greifen sie Gesicht wahrend zur Schuldzuweisung: »Trainer raus!«

Als Thomas Doll am 2. Februar 2007 gefeuert wurde, hatte der HSV neun verletzte Stammspieler, die fünftbeste Abwehr, nur ein Spiel mehr verloren als die Bayern, in Bielefeld und Aachen jeweils in letzter Sekunde den Ausgleich kassiert. Läge es am Trainer, wäre die Mannschaft im Abstiegskampf längst auseinander gefallen. War sie aber nicht – Trainer und Team waren eine Einheit. Doll musste trotzdem gehen.

Ist ein Trainerwechsel die richtige Strategie? Schon die kühle Beobachtung zeigt, dass der Zweck meist verfehlt wird. Bremen brauchte sechs Trainer, um nach Otto Rehhagel wieder beständig zu werden. Dem Karlsruher SC erging es nach der Trennung von Winfried Schäfer ähnlich. Auch dem SC Freiburg wird es so ergehen. Wegen eines Durchhängers wurde Felix Magath beim FC Bayern gefeuert – und sein Vorgänger Ottmar Hitzfeld eingestellt. Das ist gerade so, als würde man Dieter Zetsche wegen schlechter Zahlen bei Daimler entlassen und Jürgen Schrempp wieder holen.

»Trainerwechsel funktionieren nicht!«, sagt denn auch der niederländische Ökonom Ruud Kooning. Er wollte wissen, welche Auswirkung der Wechsel von Top-Führungskräften auf den Erfolg des Unternehmens hat. Er untersuchte die holländische Ehrendivision (höchste Spielklasse) zwischen 1993 und 1999, in der 28 Trainer gewechselt wurden. Das Ergebnis: Eine positive Wirkung des Trainerwechsels kann *nicht* nachgewiesen werden: »Der Druck der Fans und der Medien spielt eine größere Rolle als die Erfolgserwartung.« Dem stimmen 2003 zwei Forscher der Universität Münster zu. Die Sportwissenschaftler Bernd Strauß und Alexandra Tippenhauer untersuchten für den Zeitraum von 1963 bis 1998 die Wirkung von Trainerwechseln, indem sie zwölf Spiele vor dem Trainerwechsel mit zwölf Spielen danach verglichen. Das Resultat: Kurzfristig sei in der Tat häufig ein Aufwind spürbar gewesen, aber der spätere Absturz sei deshalb besonders unsanft. Hingegen waren Vereine in der Regel erfolgreicher und stiegen seltener ab, wenn sie an ihren Trainern festhielten.

Auch Mathias Kilthau kommt in seiner Studie »Trainerwechsel im Abstiegskampf« zum selben Ergebnis: Drei Punkte mehr in den ersten zehn Partien hole der Neue, danach verpuffe der Effekt. Die kurzfristigen Erfolge seien zudem nur selten dem Trainer direkt zu danken, sondern mehr der »Neuordnung der Mannschaftshierarchie«, die kurzfristig Energien freisetze. Langfristig aber lasse sich an der »grundsätzlichen Mannschaftsstärke« durch einen Trainerwechsel kaum etwas verändern. Das kennen wir ja auch aus der Wirtschaft, wo seit Beginn des Jahrtausends der neue Rigorismus bei Management-Entlassungen zwar Entschlossenheit signalisiert, oft aber die wahren Probleme der Konzernwirklichkeit verdeckt.

So stellt sich die Frage: *Warum* haben »Trainerwechsel« einen so geringen Wirkungsgrad? Margarethe Wiersema, amerikanische Strategieprofessorin, untersuchte die Konsequenzen von 59 CEO-Abgängen in den USA zwischen 1997 und 1998. Sie kommt zu dem Ergebnis, »dass positive Effekte ausbleiben, weil die Nachfolger nicht sorgfältig ausgesucht wurden. Der Wunsch, das Vertrauen der Investoren schnell wieder herzustellen, treibt den Auswahlprozess mehr voran als die Sorge um das Wohl des Unternehmens.« Hält man das für plausibel, dann ist die These nicht gewagt, dass Führungswechsel deshalb meistens erfolglos bleiben, weil man sich zu wenig um einen geeigneten Nachfolgekandidaten gekümmert hat.

Sehen wir uns deshalb die Krisensituation an, die jedes Unternehmen kennt: Ein Topmanager fällt plötzlich aus – er wird durch schlechte Ergebnisse diskreditiert, lässt sich abwerben oder wird krank. Sofort geht die hektische Suche nach einem Nachfolger los, und das unter Zeitdruck und ohne Konzept. Man sucht »den Besten« – natürlich nur den Besten unter den gerade Verfügbaren. Oft präsentieren die Aufsichtsräte, die zuvor Wochen und Monate mit der Frage »Sollen wir ihn feuern oder nicht?« verplempert haben, innerhalb von 24 Stunden irgendeinen Nachfolger, häufig sogar jemanden, der vorher schon als zweiter Mann hinter dem abgelösten Topmanager gearbeitet hat und die gescheiterten Strategien mitzuverantworten hatte – siehe Bankenkrise 2007. Das ist auch im Fußball regelmäßig zu beobachten: Man befasst sich lang und ausdauernd mit den möglichen Konsequenzen des Weggangs eines Trainers, aber kümmert sich kaum um die Auswahl des richtigen Nachfolgers. Die Krise ist ein schlechter Ratgeber für Personalentscheidungen. Im Zweifel muss gelten: gegen den Bewerber!

Vergessen wir nicht: Den Aktionismus und die Handlungsmacht, die man mit einer Entlassung zeigen will, sollte man lieber in die Personalauswahl und die Nachfolgeregelung stecken.

Denn selten hat man so viel Glück wie der VfB Stuttgart. Nur sieben Monate dauerte das Gastspiel Giovanni Trapattonis beim VfB Stuttgart in der Saison 2005/2006 – eines der großen Missverständnisse der Bundesligageschichte. Dann wurde er entlassen und durch Armin Veh als »Übergangslösung« (VfB-Präsident Erwin Staudt) ersetzt. Wieder keine seriöse Vorbereitung – aber eine erfolgreiche: Lösung: Stuttgart wurde mit Armin Veh 2007 Meister.

Trainer

Eine gute Führungskraft macht sich überflüssig

Im Sommer 2004 war alle Welt gegen ihn: die Mehrheit seiner Chefs, seiner Berufskollegen, die Medien, ja die Deutschen insgesamt. Und die Qualität der zur Verfügung stehenden Mitarbeiter sprach ebenfalls gegen ihn. Binnen zweier Jahre hat er dann die Belegschaft aus ihrer Verzagtheit gezogen und während einiger Sommerwochen die ganze Nation gleich mit. Weshalb die Mehrheit seiner Chefs, seiner Berufskollegen, die Medien, ja die Deutschen insgesamt gehofft, gebangt, gefleht, mindestens erwartet haben, dass er bleibt. Er ging trotzdem: Jürgen Klinsmann. Zähneknirschend zollte man seiner Entscheidung Respekt – zumal er sie familienethisch begründete. Aus der berufsethischen Ecke kamen die Vorwürfe dafür um so unverblümter: Andere Führungskräfte hätten auch Familien, Klinsmann ziehe sich egoistisch aus der Affäre (weil der Weg zur nächsten Europameisterschaft steinig sei), er handele unverantwortlich (weil er sich doch einige junge Talente vertraut gemacht habe, die nunmehr gleichsam »vaterlos« seien), er scheue die Mühen der Ebene. Am deutlichsten wurde Heribert Bruchhagen, der Manager von Eintracht Frankfurt: »Seine Entscheidung zeigt, dass er den Fußball nicht genug liebt. Er ist ein schlechtes Beispiel für alle Führungskräfte.«

Ist er das? Hätte er sich als Führungskraft verpflichtet sehen müssen, seine privaten Interessen für »Fußball-Deutschland« zu opfern? Ob man Klinsmann für einen guten Trainer halten kann, ist auch in Fachkreisen umstritten. Aber die Kritik schießt am Tor vorbei. Denn er hat diesen Anspruch nie erhoben. Er hat wohl immer gewusst, dass er nur für eine bestimmte Wegstrecke hohe Leistung liefern kann – er war ja schon als Spieler nie lange irgendwo geblieben. Als Trainer des FC Bayern wird er allerdings in längeren Zeiträumen denken müssen. Dort kann er zeigen, ob er auch nachhaltig erfolgreich ist.

Bei der Nationalmannschaft sprach er dagegen konsequent von einem »Projekt«. Vielleicht gab ihm das den Mut, mit alten Strukturen zu brechen. Wie Burkhard Spinnen treffend bemerkte: »Er hat dem deutschen Fußball die altertümliche Kicker-Folklore ausgetrieben und ihn globalisierungstauglich gemacht.« Er hat die Mannschaft von Mythos, Tradition und Legende befreit. Er wollte das Gewesene schnell vergessen machen, um zuversichtlich in die Zukunft zu schauen. Nicht mehr das Einkleben von Erinnerungen, sondern das Investieren ins Morgen.

Jürgen Klinsmann ging als moderner Manager durch das Unternehmen »Nationalmannschaft« und stellte alle Instanzen auf den Prüfstand: Was bleibt vom gut Gemeinten und noch besser Erinnerten? Was bleibt von uns abzüglich der Hypotheken aus der Vergangenheit? Was leisten wir, wenn wir uns mit den Wettbewerbern vergleichen? Und er hat genau das geliefert, was er mit sich vereinbart hatte: Als »Projektleiter« hat er den deutschen Fußball aus der Depression der Europameisterschaft 2002 zu neuen Jubelhöhen geführt. Und er ging nicht spurlos; er hinterließ etwas: eine Neuorientierung, fast eine Art Führungsphilosophie:

1. Hole dir Experten als Partner.
2. Fördere Teamgeist – bekämpfe Divenmentalität.
3. Nutze die Stärken – ignoriere die Schwächen.
4. Lasse nicht deutsch spielen, nicht brasilianisch, sondern schnell.

Zudem hinterließ Klinsmann ein stabiles Personalkorsett und mit Joachim Löw einen geistesverwandten Nachfolger, der das Begonnene fortführt – was man von vielen Führungskräften in der Wirtschaft nicht sagen kann. Er hat also nicht nur das Projekt »Challenge 2006« erfolgreicher vorangetrieben, als man es mit

Wirklichkeitssinn erwarten konnte, er hat auch die Zeit genutzt, eine Struktur aufzubauen, die ohne ihn auskommt.

Als er damit fertig war, ist er gegangen. Er hat sich nicht eingeklettet, er hat sich nicht unersetzlich gemacht, er war nicht erpicht auf die Nummer »Ohne mich läuft hier sowieso nichts!« Er hat vielmehr eine alte Lehrbuchweisheit wiederbelebt: »Eine gute Führungskraft macht sich überflüssig.« Oder, weniger idealistisch: Eine gute Führungskraft erkennt man daran, wie der Laden läuft, wenn sie nicht da ist. Das Ergebnis: Die deutsche Nationalmannschaft ist heute zweifellos in einem höheren Maß zur Selbstführung in der Lage, als sie es bei seinem Amtsantritt war.

Das beste Mittel, eine Führungskraft zu messen, ist mithin die Leistung seiner Mitarbeiter in seiner Abwesenheit. Wenn Klinsmann auch der »CEO des deutschen Fußballs« (Burkhard Spinnen) war, so ist er doch nie hierarchisch, nie als Vorgesetzter oder Selbstoptimierer aufgetreten. Er hat immer auf seine Mitstreiter verwiesen, ihnen Autonomie und eigene Bereiche reserviert. Schon früh hat er auf die Frage geantwortet, ob Joachim Löw seinen Job übernehmen könne: »Aber sicher, gar keine Frage!« Welche Führungskraft in der Wirtschaft inszeniert sich öffentlich als verzichtbar? Wer sagt nicht nur »Ich bin zu ersetzen!«, wer handelt auch danach? Die wenigsten. Die meisten inszenieren ihre Unersetzlichkeit, um sich großartig zu fühlen. Und klammern sich an ihre Positionsautorität, ohne die sie oftmals zu sozialer Bedeutungslosigkeit verkämen.

Nichts ist so unerträglich wie die Freiheit des anderen.

Wird Klinsmann nur deshalb kritisiert, weil er den Unersetzlichkeitsakrobaten ihre Lächerlichkeit vorführt? Nein, es ist viel schlimmer: Er nimmt sich die Freiheit, die Erwartungen anderer zu enttäuschen. Weil er sich treu bleibt, an seinem Weg festhält. Weil er sich eben nicht in eine moralinsaure »Pflicht« nehmen lässt, mit der so viele ihre Freiheit wegvernünfteln. Dafür ließ ihn so mancher fallen. Denn nichts ist so unerträglich wie die Freiheit, die sich ein anderer nimmt, man sich aber selbst versagt. Die Entwicklung seiner Sympathiewerte war ihm jedoch schon immer egal.

Klinsmanns Saat ist aufgegangen – nein, nicht bei der Weltmeisterschaft, sondern später, als er nicht mehr da war. Das erste Mal im Spiel Deutschland gegen Dänemark im März 2007 – so schnell hat man die Deutschen noch niemals in ihrer Geschichte kombinieren sehen. Welcher Manager sät für die Zukunft? In dem Wissen, dass er die Erfolge selbst nicht mehr ernten wird? Nur jener, der die wichtigste Führungsweisheit verinnerlicht hat: Das einzig legitime Ziel von Führung ist Selbstführung.

Führung braucht freiwillige Gefolgschaft

Wenn Führungskräfte auf sehr unterschiedliche Weise erfolgreich werden können, kann man dann überhaupt Verallgemeinerbares über Führungskräfte sagen? Schauen wir uns die großen Trainer der Fußballgeschichte an – und ich will hier nicht entscheiden, wen Sie dafür halten – gibt es etwas, was sie zu »großen« Führungskräften machte? Etwas, was ihnen gemeinsam war?

Wir suchen oft Menschen mit bestimmten Persönlichkeitsmerkmalen, anstatt auf die wechselseitigen *Beziehungen* zu blicken, die diese Menschen offenbar entwickeln können. Wenn Führung also heißt, mit anderen und durch andere Menschen erfolgreich ein Ziel zu erreichen, dann verbindet diese Führungskräfte nur eines: Es gab Menschen, die ihnen folgten. Es gab Menschen, die »Ja!« zu ihnen sagten. Es gab Menschen, die sich von diesen Führungskräften eine Verbesserung ihrer Leistung, ihres Erfolges, ihrer Lebensqualität versprachen. Deshalb wurden sie als Führungskräfte anerkannt.

Auch wenn es zu simpel, zu wertfrei oder fast archaisch anmutet: Führende haben Folgende. Das ist die Basis, ein natürliches Gesetz. Es erscheint auf den ersten Blick wie ein Einbruch der Vormoderne in die Strukturen der postindustriellen Gesellschaft. Und in Deutschland ist man diesem Gesetz gegenüber fast verlegen. Die Erfahrung des Nationalsozialismus hat wohl auf Jahrzehnte hinaus einen unbefangenen Zugang dazu versperrt. Aber es hilft nicht: Freiwillige Gefolgsleute sind das unabdingbare Gegenstück zu Führungskräften. Ohne sie findet keine Führung statt. Nur derjenige, dem die Menschen freiwillig folgen, hat als Führungskraft eine Existenzberechtigung. Und dieses Folgen ist weder durch Hierarchie genötigt noch durch wirtschaftliche Not gezwungen. Weil sie als Führungskraft etwas beiträgt, was andere brauchen. Wenn sie aber nichts beiträgt, wenn das Vertrauen fehlt, wenn kein respektvolles Klima herrscht, dann verweigern die Menschen die Gefolgschaft. Offen oder verdeckt. Und dann bleibt die Organisation im Ergebnis immer unter ihren Möglichkeiten. Wer glaubt führen zu können, ohne dass die Menschen folgen, geht nur spazieren.

Nur derjenige darf sich Führungskraft nennen, dem die Menschen freiwillig folgen.

Es gab nicht wenige Trainer, denen die Spieler gleichsam blind folgten: Sepp Herberger und Franz Beckenbauer zuallererst, Hennes Weisweiler, Ernst Happel, Udo Lattek und Otto Rehhagel in ihren besten Tagen vielleicht und von der Autorität des Erfolges umglänzt. Im Ausland waren es der Argentinier César Luis Menotti und Karl Rappan in der Schweiz. Für die Vergangenheit kann man das besser feststellen als für die Gegenwart: Heute gilt das vielleicht für Ottmar Hitzfeld und Arséne Wenger.

Und täglich stellt sich Ihnen als Führungskraft die Aufgabe, die Gefolgschaft der von Ihnen Geführten zu erreichen. Nur so können Sie Ihre Vorstellungen verwirklichen. Denn sowohl im Unternehmen als auch im Profisport geht es darum, für die Bewältigung der anstehenden Aufgaben Akzeptanz zu finden. Dafür müssen Sie die Herzen der Menschen erringen. Sonst folgen sie Ihnen nicht. Nur dann gelingt Führung. Mit Kaiserslautern Meister werden und mit Griechenland Europameister – wer anders kann das schaffen, als jemand, der die Herzen seiner Spieler erreichte: Otto Rehhagel. Was es dazu braucht? Wenigstens das, was Daimler-Chef Dieter Zetsche so treffend formulierte: »Manchmal genügt es schon, wenn man kein Arschloch ist.«

Führung ist die beispiellose Gelegenheit, Talente anderer Menschen zur Entfaltung zu bringen. Gibt es ein Handwerk, das privilegierter wäre? In einem anderen Menschen Kräfte wecken, die weiter reichen als die eigenen; in anderen eine Liebe zu dem anzuregen, was man selbst liebt?

Aber Mitarbeiter müssen Führung wählen können, um ihren unbestreitbaren Beitrag als Entwicklungshilfe anzuerkennen. Wird sie oktroyiert, wird sie als Überwachung empfunden. Wenn Sie diesem Gedanken zustimmen können, dann ist nicht mehr irgendein theoretisch idealisiertes Anforderungsprofil die Messlatte, sondern die Praxis. Wann immer eine Führungskraft erfolgreich ist, dann nicht, weil sie sich des Managementplunders bedient, den die Beratungsindustrie feilbietet. Sie ist erfolgreich, weil Menschen ihr folgen. Freiwillig folgen.

Dann hat Führung genauso lange Bestand, wie eine Führungskraft auf freiwillige Gefolgschaft rechnen kann. Dann müssen Sie bei den Organisationsstrukturen alles verhindern, was Führungsverhältnisse über diesen Zeitpunkt hinaus aufrechterhält. Niemandem ist gedient, wenn Führung künstlich beatmet und der natürliche Energiefluss gestaut wird. So produziert man Resignation und Zynismus. Für die Unternehmen erwächst daraus die Aufgabe, die Besetzung von Führungsaufgaben grundsätzlich nicht an Ewigkeitserwartungen zu knüpfen. Die Strukturen sind so flexibel zu halten, dass für alle Urteile gilt: Auf Bewährung.

Wenn es sich aber bewährt hat, dann werden die herzerwärmten Fans auch nach dem Ende des irdischen Lebens das sagen, was sie Helmut Rahn nachsagten: »Der Boss spielt auch im Himmel weiter.«

Führung braucht Reife

22. März 2006, Deutschland-USA, Halbzeitpause, Spielerkabine. Michael Ballacks Blick richtet sich auf Lukas Podolski. Es folgt eine Standpauke wegen mangelnden Einsatzes und planlosen Spielverhaltens. Niemand wagt es, den Chef zu unterbrechen. Den Chef? Ja, Kapitän Oliver Kahn fehlte bei diesem Spiel. Und so war Michael Ballack die einzige Führungsperson, die Trainer Klinsmann in schwierigen Situationen entlasten konnte. Mit 29 Jahren war er auch der Älteste. Zufall?

Erst mit Erfahrung wird aus einem Profi ein kompletter Fußballer. Michael Ballack hat mit dem Fußballspielen nicht bei Chelsea begonnen – davor hießen die Stationen Chemnitz, Kaiserslautern, Leverkusen, München. Eine Führungspersönlichkeit kann sich nur da herausbilden, wo einer über lange Zeit Berufs- und Lebenserfahrung gesammelt hat. Dafür braucht man angehäuftes Leben. Es braucht Jahre, bis jemand in der Lage ist, für ein betriebliches Umfeld als Führungskraft wirklich wertvoll zu werden.

Natürlich, die schnelle Wirkung ist mit Schaulaufen und hektischem Aktionismus schnell erzielt. Aber wenn es um dauerhafte Autorität geht – da sehen die Jungen oft ganz schön alt aus. Lothar Matthäus, Kapitän der Weltmeister-Elf 1990, sagte über die Fähigkeit der Älteren, im Ernstfall das Zepter in die Hand zu nehmen: »Es geht ja nicht darum, über den Dingen zu stehen. Es ist eine Frage des Anlehnens, des Mitreißens und des Überblicks.«

In vielen Unternehmen wird bei der Führung zu jung angesetzt. Deutlich abzulesen an der Besetzung von Topmanagement-Positionen: Die Kandidaten werden immer jünger, Mitte bis Ende 30. Die Selbstüberschätzung junger Manager ist dabei oft enorm. Wie junge Abenteurer, die es »schon irgendwie schaffen«, aber die Gefahren nicht bedenken. Nehmen wir als Beispiel Matthias Sammer. Der Dortmunder Musterspieler litt als Fußballlehrer unter einem Erfahrungsdefizit, das durch seine schnellen Erfolge als Trainer kaschiert wurde. Verhinderte er gleich am Anfang den Abstieg des BVB (übrigens mit Hilfe des Trainerfuchses Udo Lattek), so triumphierte er gleich danach mit dem Titelgewinn. Die Mär vom Wunderknaben aber wurde sein Problem: Sammer bestand seine Meisterprüfung, bevor er das Gesellenstück abgeliefert hatte. Er hatte Schwierigkeiten im Umgang mit selbstverliebten Diven wie Amoroso und Nachsitzbedarf in der Taktik.

Schauen wir uns an, was die Forschung dazu sagt: Nach dem Londoner Neurobiologen John Skoyles steht das außerordentliche Größenwachstum des Gehirns, das in der Entwicklungsgeschichte des Menschen um das Dreifache zunahm, in direktem Zusammenhang mit der Zunahme individuellen Wissens. Dieses Expertenwissen wird zwar in Organisationen gefördert, ist aber an den Einzelnen gebunden und wird nur von Individuen ausgeübt. Es besteht im Wesentlichen aus Erfahrungsdaten. Frappierend ist der Zusammenhang zwischen Umfang dieses Wissens und Lebenszeit. Dazu ist bei Skoyles zu lesen: »Je größer das brauchbare Erfahrungswissen, desto länger das Leben.«

Viele Führungskräfte steigen zu früh auf.

Gestützt auf neuere anthropologische Studien sowie auf umfangreiches experimentelles Material kommt Skoyles zu dem Schluss, dass diese »expertise capacity« zu deutlichen Lebensvorteilen führe. Sie reift in fast allen Kulturen unserer Erde erst im Alter von etwa 40 Jahren zu wahrer Meisterschaft heran. Im besonderen Maße gelte das für die sozialen Techniken der Steuerung größerer Gruppen. Die Leitung von Gemeinschaften war nicht zufällig über Jahrtausende hinweg eine Aufgabe, die man nur älteren Mitgliedern zutraute. Die Fülle an Erfahrung hat vor allem in komplexen

Situationen ihre Berechtigung. Ältere sind *souveräner bei Komplexität.* Je unübersichtlicher die Sachverhalte, desto zielführender ihre Fähigkeit zur Priorisierung. Sie behalten den Überblick:

1. Ältere sind *in geringerem Maße eigenbetroffen.* Oft neigen sie mehr zum »Wir« als zum »Ich«. Und im Krisenfall beschäftigen sie sich nicht vorrangig mit sich selbst, sondern mit der Situation.
2. Besonders eindrucksvoll ist vielfach ihre *Handlungsökonomie.* Sie erreichen ihre Ziele in der Regel mit weit geringerem Aufwand, als das Jüngere tun. Außerdem erleichtert Lebenserfahrung die Prioritätensetzung.
3. Ihre *Selbsteinschätzung ist realistischer.* Gezeichnet von so manchen Enttäuschungen haben sie sich meist von Grandiositätsphantasien verabschiedet. Sie wissen um ihre Fähigkeiten und Defizite.
4. Sie haben mehr *Sinn für das Machbare.* Möglichkeiten und Grenzen dessen, was in Organisationen umzusetzen ist, sind ihnen vertraut. Sie schauen pragmatisch auf das, was unter diesen Umständen möglich ist.

Ich bin über die Jahre zu dem Ergebnis gekommen, dass viele Führungskräfte zu früh aufsteigen. Keine Frage: Alle menschlichen Lebensalter haben ihre Eigenschaften; ob es Stärken oder Schwächen sind, hängt von der Situation, vom Einsatzort ab. Und kein Lebensalter besitzt ein in allen Situationen uneingeschränktes Primat des Wissens und Entscheidens. Aber wir sollten nicht nur auf »die Jugend« blicken, sie umschmeicheln und Wunder von ihr erwarten. Karl-Heinz Feldkamp wurde noch mit 73 Jahren Coach des türkischen Fußball-Traditionsklubs Galatasaray Istanbul. Und Giovanni Trapattoni macht mit seinen 69 Jahren in Salzburg einen exzellenten Job.

Im Übrigen ist niemand zu alt, mal wieder auf den Bolzplatz zu gehen. Wir hören ja nicht auf, weil wir alt werden; wir werden alt, weil wir aufhören.

Gute Spieler sind selten gute Trainer

Thomas Schaaf kam als D-Jugendlicher zu Werder Bremen, wurde mit 17 Jahren Werders jüngster Bundesliga-Profi aller Zeiten und dessen Meistertrainer 2001 und 2004. Er war damit einer von insgesamt fünf Bundesliga-Trainern, die auch als Spieler Meister wurden. Sie alle galten in ihren Mannschaften zwar als gute Fachkräfte, aber mehrheitlich nicht als Top-Leistungsträger.

Damit sind sie in prominenter Gesellschaft. Arsène Wenger, den nicht wenige für den größten Fußballfachmann überhaupt halten, Sven-Göran Eriksson, Arrigo Sacchi oder Rafael Benítez vom FC Liverpool waren alle nur sehr mäßige Spieler. Einige Pioniere des modernen Fußballs wollten angesichts ihrer mangelnden Fertigkeiten als Spieler eigentlich gar nicht ins große Fußballgeschäft. Sondern haben Pädagogik studiert: In Deutschland Ottmar Hitzfeld, Volker Finke, Ewald Lienen, Hans Meyer und Ralf Rangnick, international Arsène Wenger, Louis van Gaal sowie der französische Weltmeistertrainer Aimé Jacquet. Schon George Bernard Shaw befand dazu lakonisch: »Wer kann, tut; wer nicht kann, lehrt.«

Natürlich gibt es Ausnahmen, die beeindruckendsten waren erst Weltmeister als Spieler, dann Weltmeister als Trainer: der Brasilianer Mario Zagalo und Franz Beckenbauer.

Der Regelfall aber ist: Gute Spieler werden selten gute Trainer. Viel häufiger ist der Fall, dass aus großartigen Spielern eher schwache oder mittelmäßige Trainer werden. Denn das, was einen Spieler erfolgreich machte, ist noch lange nicht das, was man als Trainer beziehungsweise Führungskraft braucht. Bobby Charlton und Peter

Shilton gehörten sicher zu den besten britischen Spielern aller Zeiten – als Trainer versagten sie. Beim Rekordnationalspieler Lothar Matthäus (immerhin 1990 Weltmeister) liegen die Dinge ähnlich. Woran liegt das?

Das kann niemand für alle Fälle beantworten. Eine sehr plausible These ist: Eben *weil* sie als Spieler so gut waren, sind sie als Trainer schlecht. Für herausragende Spieler gibt es häufig nur einen Menschen, der die Dinge richtig kann – und das sind sie selbst. Zu groß ist deshalb die Versuchung, seinen Spielern alles vorzumachen und dabei zu zeigen, dass man alles ein bisschen besser kann. Häufig paart sich das mit Unverständnis, dass ein anderer etwas schwierig findet, was man selbst perfekt beherrscht.

Vom legendären Stanley Matthews wird berichtet, dass er selbst eine bestimmte Technik demonstrierte, wenn ein Spieler sie nicht richtig machte: »Das ist es, was ich sehen will. Nun mach es nach!« Matthews hatte nur ein sehr kurzes Trainerleben bei dem britischen Klub Port Vale. Auch Trainer Andreas Brehme statuiert gern mal ein Exempel: »Wenn etwas falsch läuft, mache ich das vor, mit Ball.« Rudi Völler war ebenfalls dafür bekannt, mit gutem Beispiel voran zu gehen, und musste schließlich lernen, dass das nicht ausreicht, um eine Zweckgemeinschaft von egozentrischen Selbstdarstellern zu führen. Trotzdem gilt auch für Klaus Augenthaler nach wie vor: »Man darf sich nicht zu schade sein, die richtige Schusstechnik auch mal zu demonstrieren.« Aber kann man heute noch so führen?

Grundsätzlich kann man feststellen: Übergroße Fähigkeiten als Spieler sind eher nachteilig für den Trainer-Job. Das zeigt vor allem die längerfristige Betrachtung: Auf Dauer erfolgreiche Trainer sind fast ausnahmslos schwache Spieler gewesen; kurzfristige Trainererfolge kann sogar Lothar Matthäus vorweisen.

Das veranlasst Joachim Löw zu der Aussage: »Trainer oder Spieler zu sein sind zwei *völlig unterschiedliche* Dinge.« Man stelle sich vor, Thierry Henry, Ronaldinho oder Lukas Podolski werden Führungskräfte. So sehr sie als Spieler wertvoll sind, so wenig kann man sich vorstellen, dass sie als Trainer oder Manager ihren Vereinen weiterhelfen. Scholl, Deisler, Schweinsteiger, Klose – das sind außergewöhnliche Talente, sie mögen sogar Schlüsselspieler sein, die ein Spiel »drehen« können. Sollten sie deshalb Trainer werden? Nein. Sie beziehen sich nicht auf das Kollektiv, sie wollen und können nicht führen. Als Fußballspieler talentiert zu sein heißt eben nicht automatisch, dass man auch das Potenzial *anderer* entfalten will, dass man Leistungsprozesse koordinieren kann oder zur taktischen Gesamtschau fähig ist. Man kann sie nur fehlmotivieren – dazu verleiten, etwas zu tun, was sie nicht können.

Und doch passiert es immer wieder: In keiner Sportart werden ehemalige Spitzenspieler derart naiv zu Trainern gemacht wie … in der Wirtschaft. Nach wie vor wird die Auswahlentscheidung von der Fachkompetenz dominiert. Der beste Schraubendreher wird Chef aller Schraubendreher, der beste Verkäufer wird Chef der Verkaufsmannschaft. Das funktioniert, wie oben gesehen, nur in den seltensten Fällen. Und jedenfalls nicht in modernen Unternehmen, die um *Talent* herum gebaut sind.

Führen und Ausführen sind zwei Paar Schuhe.

Warum also machen wir das in den Unternehmen? Einige Antworten: Wir weigern uns beharrlich, in der Mitarbeiter-Führung eine eigenständige Tätigkeit zu sehen, die von anderen Tätigkeiten grundsätzlich zu unterscheiden ist. Natürlich sollte ein Chef mit dem Markt, den Produkten, den Prozessen vertraut sein. Aber er sollte nicht sein eigener bester Sachbearbeiter sein. Er muss sicher etwas können, er muss es aber vor allem kommunizieren können. Die Leistung *anderer* zu fördern ist etwas anderes, als selbst gut spielen zu können.

Zudem gibt es in vielen Unternehmen nur eine Möglichkeit aufzusteigen: nämlich Führungskraft zu werden. Das hat nur die dumme Begleiterscheinung, sich auch noch mit Mitarbeitern herumschlagen zu müssen. Viele wollen Führungskräfte werden, weil sie dann mehr Geld verdienen oder ein höheres Ansehen genießen. Weshalb tendenziell jeder im Unternehmen Führungskraft werden will – also fehlmotiviert ist.

Und eine weitere Ursache ist bei denen zu suchen, die befördern: Es gibt zu wenige mutige Leute, die zu erfolgreichen Mitarbeitern sagen: »Ich möchte nicht auf dich verzichten, du bist ein extrem wichtiger Mitarbeiter – aber nicht als Führungskraft.«

Wenn es also eine Lektion gibt, die Wirtschaftsführer vom Fußball lernen können, dann diese: Sie können nicht länger *selbst* spielen. Trainer schießen keine Tore, sie *lassen* schießen. Sie müssen Spieler koordinieren, planen, trainieren – ausführen müssen die Spieler. Die Führungskräfte sind hier wirklich von der Leistung ihrer Mitarbeiter abhängig, sie müssen ihnen vertrauen, sie haben gar keine andere Wahl.

Das Beispiel Fußball zeigt auch: Die unsägliche »Chefsache« – im Fußball ist sie unmöglich. Wer seinen Spielern noch etwas vormachen kann, hat die falschen Spieler.

Wenn also die Auswahl von Führungskräften die wichtigste Managemententscheidung überhaupt ist, dann gilt: Nur in Ausnahmefällen gute Spieler wählen. Gute Trainer müssen nicht gute Spieler gewesen sein. Ein Hühnerfarmer muss ja auch keine Eier legen.

Selbstvertrauen macht innovativ

20. Juni 1976, Finale der Europameisterschaft, Deutschland gegen die Tschechoslowakei, Elfmeterschießen nach der Verlängerung, Uli Hoeneß hatte gerade verschossen. Der Tscheche Antonin Panenka tritt an den Punkt, legt den Ball zurecht, geht eine lange Strecke zurück, Pfiff des Schiedsrichters, Panenka läuft lange an, holt wuchtig aus – und schiebt den Ball ganz sanft in die Mitte des Tores. Dort stand gerade noch Torwart Sepp Maier – jetzt liegt er konsterniert und machtlos in der rechten Ecke. »Kein Torwart bleibt stehen«, sagte Antonin Panenka nachher, »er glaubt, er habe nur eine Chance, wenn er schnell in die Ecke kommt, aber ich schoss den Ball dahin, wo der Torwart garantiert nicht mehr ist.« Was hat das mit Selbstvertrauen zu tun? Dazu ist es wichtig zu wissen, dass Panenka diese Schussvariante vorher mit seinen Mannschaftskameraden diskutiert hatte, und diese ihm dringend abrieten. Noch in der Nacht vor dem Finale wollte ihm Torwart Ivo Viktor die Idee ausreden – sie sei zu risikoreich. Man könne ja einen Elfmeter verschießen, aber wenn man ihn *auf diese Weise* verschießt, wandert man am besten aus. Panenka riskierte es – und gewann.

Auf diese Weise? Was heißt das? Vertrauen hat immer etwas mit Risiko zu tun, mit der Möglichkeit, Nachteile in Kauf zu nehmen, verletzt zu werden. Panenkas Kalkulation könnte etwa so ausgesehen haben: »Ich kann in die Ecke zielen, wie es die meisten Schützen tun, dann stehen die Chancen 50:50, dass ich den Ball versenke und meine Mannschaft Europameister wird. Falls der Ball rein geht, bin ich der Held. Falls der Torwart hält, ist meine Mannschaft zwar nicht Europameister, aber ich würde mich wohl kaum rechtfertigen müssen, weil ich getan habe, was alle tun. Ich stünde also persönlich einigermaßen gut da, obwohl ich eigentlich versagt hätte. Wenn ich nun aber etwas Kreatives tue, nämlich *in die Mitte* ziele, dann ist meine Chance größer, dass ich den Ball versenke und meine Mannschaft Europameister wird. Bleibt Maier aber einfach stehen und ich schiebe ihm den Ball sanft in die Arme, wäre das eine Blamage. Meine Mannschaft wäre auch nicht Europameister, aber ich würde zur Rechenschaft gezogen.« Um die Erfolgschance seiner Mannschaft zu erhöhen, geht Panenka also ein höheres persönliches Risiko ein.

Was glauben Sie, wie Manager sich in dieser Situation verhalten? Ein Manager mit *niedrigem* Selbstvertrauen sieht nur das persönliche Risiko, nicht den möglichen Gewinn. Er wird deshalb den für ihn risikoloseren Weg beschreiten, selbst wenn es die Erfolgschance seiner Mannschaft schmälert. Nur ein Manager, der ein *hohes* Selbstvertrauen hat, wird den Weg beschreiten, der die Erfolgschance seiner Mannschaft erhöht, selbst wenn er für ihn persönlich risikoreich ist. Weil er weiß: Auch wenn ich scheitere – ich werde damit zurechtkommen.

Damit ein Manager wirklich erfolgreich sein kann, muss er ins Risiko gehen. Das geht nicht ohne Furcht. Die Antwort des vielbewunderten Jack Welch auf die Frage eines Erstsemesters der Fairfield University nach der wichtigsten Führungsvoraussetzung kann daher nicht verwundern: »Selbstvertrauen! Das ist das Wichtigste. Und dafür habe ich von meinen Fehlern genauso viel gelernt, wie von meinen Erfolgen. Beides zusammen baut aufeinander auf und ergibt Selbstvertrauen.«

Zu dieser Vertrauensleistung sind Sie aber nur fähig, wenn Sie sich innerlich sicher fühlen. Sie müssen über ein gewisses Maß an innerer Gelassenheit und Ich-Stärke verfügen, um die Spannung zwischen Gewinnerwartung und Verlustmöglichkeit aushalten zu können. Sind Sie hingegen ängstlich, dann versuchen Sie die Wahrscheinlichkeit der Enttäuschung zu minimieren. Dann bleiben Sie beim Normalen, Erwartbaren, bei dem, was sich rechtfertigen lässt. Wenn also in Ihrem Unternehmen der Rechtfertigungsdruck wuchert, werden Sie wahrscheinlich diesen Weg wählen. Und niemand kann es Ihnen verübeln.

Selbstvertrauen wird uns oft erst bewusst, wenn wir es vermissen: wenn wir zögern, verzagt sind, wenn wir uns zu schnell den Meinungen anderer unterwerfen, unter ihrer Kritik leiden oder Initiative vermissen lassen, wo entschiedenes Handeln angezeigt wäre. Wenn wir uns aber selbst vertrauen, dann verfügen wir über ein unabhängiges Urteil. Auch wenn wir die Meinungen anderer berücksichtigen, so löschen sie nicht unsere eigenen Einsichten aus. Alf Ramsey, der Trainer der englischen Weltmeisterelf 1966, wurde von der britischen Presse zerrissen, als er es wagte, den überaus populären Stürmer Jimmy Greaves im Finale auf der Bank zu lassen. Statt seiner spielte Geoff Hurst, ein international noch unerfahrener Stürmer, der aus Ramseys Sicht besser in die Teamstruktur passte. Trotz der harschen Kritik blieb Ramsey bei seiner Entscheidung und holte durch Hursts berühmten Hattrick den Pokal für England.

Selbstvertrauen wächst aus der Erfahrung, sich nach Niederlagen aus eigener Kraft wieder aufgerichtet zu haben.

Auch Klinsmann ließ sich von den feudal-alteuropäischen Strukturen des DFB nicht beirren. Vor allem setzte er mit seiner Personalpolitik Sympathien aufs Spiel: Er nominierte David Odonkor, ließ Kevin Kuranyi zuhause und zog sich den Zorn der München-Fraktion zu, indem er Lehmann vor Kahn setzte. Weiterhin pendelte er zwischen Deutschland und den USA hin und her. Wie wurde er in der Vorbereitung auf die WM 2006 angefeindet, vor allem nach der 1:4-Niederlage gegen Italien! Es meldeten sich sogar Stimmen, die seine offensive Spielweise kritisierten und durch das alte deutsche System mit Ausputzer ersetzen wollten. Klinsmann ließ sich nicht beirren – und schaffte das »Sommermärchen«.

Woraus aber erwächst Selbstvertrauen? Überschaut man die

Forschungsergebnisse, so schält sich als das Wichtigste heraus: Selbstvertrauen wächst aus der wiederholt gemachten Erfahrung, sich nach Niederlagen aus eigener Kraft wieder aufgerichtet zu haben. Die Gewissheit, es daher auch künftig zu können. Der argentinische Nationaltrainer José Nestor Pekerman, der aufgrund einer schweren Knieverletzung seine Karriere als Spieler aufgeben musste: »Im Gegensatz zu anderen Trainern weiß ich, was es heißt, Profifußball verletzungsbedingt aufzugeben, und was es heißt, damit fertig zu werden und wieder von vorne anzufangen. Ich hatte in meinem Leben aber immer ein Lächeln im Gesicht.«

Leid ist also für Selbstvertrauen nicht zu meiden, sondern äußerst produktiv. Menschen wissen dann von sich, dass sie sich selbst trauen, vertrauen können. Dass sie »Ja« meinen, wenn sie »Ja« sagen, und »Nein« meinen, wenn sie »Nein« sagen, dass sie *vereinbarungsfähig* sind. Im Selbstvertrauen verdichtet sich mithin die Gewissheit »Ich werde es *tun*!« – und das ist im Unternehmen vor allem die Gewissheit, Vereinbarungen auch gegen Widerstand einhalten zu können.

Was heißt das für Führung? Sie stärken das Selbstvertrauen Ihrer Mitarbeiter, wenn Sie Freiräume lassen, selbstständige Lösungswege anregen, den Mitarbeitern herausfordernde Aufgaben geben, ihnen auch mal Ungewöhnliches zumuten, nicht vorschnell eingreifen, wenn die Dinge mal nicht glatt laufen, nicht überzuständig sind, auch mal den Fehler zulassen, wenn die Kosten sich im Rahmen halten – das heißt wenn Sie sich angemessen und überlegt zurücknehmen. Ja, es gibt viele Führungskräfte, die es schaffen, dass ihnen die Menschen vertrauen. Viel wichtiger für hohe Leistung aber sind Führungskräfte, die es schaffen, dass sich die Menschen selbst vertrauen.

Selbstvertrauen ist nicht nur eine Art, die Welt zu betrachten, sondern eine Kraft, das Leben zu bewältigen. Es ermöglicht, Rückschläge auszuhalten. Es ist eine Energie, die die Zukunft niemals dem Gegner überlässt, sondern sie für sich selbst in Anspruch nimmt. Das steigert auch das psychische Wohlbefinden: Julian Rotters Forschungen über »interpersonales Vertrauen« zeigen, dass Menschen mit einem hohen Selbstvertrauen in der Regel glücklicher sind. Als Freunde werden sie mehr geschätzt als ihre weniger vertrauensvollen Zeitgenossen. Zwar ist es möglich, dass ihre erhöhte Vertrauensbereitschaft häufiger enttäuscht wird; andererseits erleiden misstrauische Menschen einen mindestens ebenso hohen Schaden dadurch, dass sie auch dort misstrauen, wo sie durch Vertrauen Vorteile hätten. Ich habe noch nichts erlebt, was mir diesen Gedanken widerlegt hätte: Der Vorsichtige riskiert in Wahrheit genauso viel wie der Kühne; er verzichtet nur obendrein auf den Rausch der Kühnheit. Genau darauf wollte Antonin Panenka nicht verzichten.

Unbequemes am Anfang durchsetzen

»Von Klinsmann lernen heißt siegen lernen« titelte die *Welt am Sonntag* kurz vor dem WM-Halbfinale am 2. Juli 2006. Dann folgten »Zehn goldene Regeln für Entscheider«. Mehrheitlich waren sie von der Qualität »Arbeiten Sie an Ihrer Ausstrahlung!« oder »Kämpfen Sie bis zuletzt!« Das Wichtigste aber fehlte. Das war der Rat von Mick Hoban, Klinsmanns amerikanischem Geschäftspartner: »Schaffe dir von Anfang an die Bedingungen, die du brauchst, um dein Ziel erreichen zu können. Sonst lass es lieber.« Damit gab Hoban einen Rat weiter, den er seinerzeit selbst bei der WM 1994 in den USA von Carlos Alberto Parreira erhalten hatte, damals brasilianischer Nationaltrainer.

Als Klinsmann sich nach dem miserablen Auftritt der deutschen Elf bei der EM 2004 zur Übernahme des Jobs als Bundestrainer überreden ließ, hatte er seinem »Ich mach' es« schon damals ein vernehmliches » ... anders!« hinzugefügt. Klinsmann wollte etwas verändern und wusste, dass er sich dabei nicht nur Freunde machen konnte. Denn eine Führungskraft, die etwas verändert, hat alle zu Gegnern, die aus dem Status quo ihre Vorteile ziehen. Aber er wusste: Am Ende zählt nicht die Sympathie, sondern das Ergebnis.

Und das waren die Fragen, die Klinsmann mit seinen Partnern diskutierte: »Habe ich die Möglichkeit, mein eigenes Team zusammenzustellen? Habe ich die Chance, mein Team an den Stellen zu erweitern, an denen ich es für nötig halte? Kann ich die Strategie bestimmen?« Und er stellte sehr klare Forderungen.

Eine solche Vorgehensweise war sicher nötig, wenn man sich eine derart strukturkonservative Organisation wie den DFB anschaut. Klinsmann wollte die Gunst der Stunde nutzen, brauchte Mut zum Abschneiden alter Zöpfe – und das bedeutete Konflikt mit den Granden des DFB.

Für Jürgen Klinsmann sind Fußballteams zumindest in diesem Punkt wie Wirtschaftsunternehmen: Sie verlangen professionelle Führung. Gegen die Altherrenriege des DFB installierte er mit Oliver Bierhoff einen Manager als Puffer, um ruhig mit den Spielern arbeiten zu können. Er durchforstete den internationalen Arbeitsmarkt und wollte die Besten, dabei spielte Nationalität keine Rolle. Er verpflichtete einen Schweizer als Scout, drei amerikanische Fitnessexperten – und einen Bayern. Er führte ungewöhnliche Trainingsmethoden ein und neue Teamstrukturen. Von hüftsteifen Nörglern wie Christian Wörns und Ewiggestrigen wie Sepp Maier trennte er sich ebenso entschieden, wie es Jack Welch in vielen Veröffentlichungen immer wieder empfohlen hatte: Trenne dich von Chefhassern, Bedenkenträgern, Besitzstandswahrern und Vergangenheitsverklärern! Den Auserwählten schenkte er Vertrauen, und das nahezu unbegrenzt. Intuitiv wusste er: Wenn du mit jemandem arbeitest, dann vertraue ihm. Wenn du ihm aber nicht vertraust, dann arbeite besser nicht mit ihm. Das beste Beispiel: Christoph Metzelder, immer wieder von Verletzungen geplagt, in Dortmund fast nur auf der Ersatzbank. Ihm gab er die Botschaft mit: »Du musst nur gesund werden. Fit machen wir dich schon!« Metzelder dankte es Klinsmann mit einer Top-Leistung.

Nur am Anfang ist man unberührbar und kann Unbequemes leichter durchsetzen.

Diese fundamentalen Änderungen sind nur zu *Beginn* einer Arbeitsbeziehung möglich. Nur am Anfang können Sie die Dinge grundlegend verändern, ohne sich selbst in Frage zu stellen. Nur am Anfang können Sie von den Ermüdungserscheinungen und Erschöpfungsroutinen Ihrer Mitspieler profitieren. Nur am Anfang ist man »unberührbar«, kann man Unbequemes durchsetzen, ist man alternativlos. Und man selbst hat sich noch nicht an unhaltbare Zustände gewöhnt. Schnell wuchern nämlich die Beharrungskräfte des Status quo. Dann hat man den frischen Blick verloren, man ist nicht mehr naiv im besten Sinne, sondern eingesunken in Sympathien, Seilschaften ... und schließlich haben auch die alten Kräfte wieder Oberwasser: Genau diesen Fehler machte Otto Rehhagel, als er sich, von Bremen kommend, erst einmal in München anpasste, bevor er Grundsätzliches verändern wollte. Da war es zu spät.

Für Sie als neuen Chef gilt: Wenn CEOs scheitern, dann daran, dass sie nicht schnell genug die wichtigsten Positionen mit exzellenten Leuten ihres Vertrauens besetzen. Halten Sie sich nicht mit Details auf, verfolgen Sie die großen Linien! Die Weisheit liegt in der Kunst, Unwichtiges zu übersehen, Nebensächliches zu ignorieren. Als Jürgen Klinsmann 2004 die Nationalmannschaft übernahm, hieß die Devise: Spaß, Motivation und Angriffsfußball. Detaildiskussionen, wie etwa die Abwehrschwäche, stellte er hinten an.

Das also ist Klinsmanns Botschaft: Habt Zutrauen zu euch selbst, riskiert den Blick auf das Vertraute aus ungewohnter Perspektive, delegiert Spezialarbeit an loyale Experten, nehmt keine Rücksicht auf Besitzstandswahrer, setzt Unbequemes am Anfang durch. Mit dieser Botschaft kann man mehr gewinnen als nur ein paar Fußballspiele.

Vertrauen beginnt mit Verwundbarkeit

Der italienische Meistertrainer Helenio Herrara ließ seine Spieler in den 60er Jahren vor jedem Spiel den Satz einander zurufen: »Ich vertraue dir – und du vertraust mir.« Aber ganz so einfach ist es dann doch nicht mit dem Vertrauen. Es dauert lange, bis Vertrauen aufgebaut ist. Das kann man oft bei der Integration eines neuen Spielers in eine funktionierende Mannschaft erleben. In besonderer Erinnerung blieb mir Andrej Voronin, der 2003 als Torschützenkönig der 2. Liga und mit entsprechenden Erwartungen vom FSV Mainz 05 zum 1. FC Köln gekommen war. Er erzielte während der ersten drei Saisonspiele kein Tor, bekam kaum einen Ball zugespielt, auch wenn er einschussbereit frei stand, ja er hatte überhaupt kaum Ballkontakt. Es fehlte einfach das Vertrauen seiner Mitspieler.

Ein ähnliches Phänomen kann man in Unternehmen mit hoher Fluktuation erleben. Aufgrund des ständigen Wechsels gibt es oft keine gewachsene Hierarchie und deshalb auch kein Vertrauen. Ja, man mag staunen, aber Hierarchie ist Struktur, die Vertrauen ermöglicht. Man kann ein bestimmtes Verhalten erwarten und muss nicht permanent um seine Position kämpfen. Und Vertrauen zu zerstören geht schnell. Wie Geschäftspartner, die einander vertrauen müssen, dass der jeweils andere das Vertrauen bestätigt, so wird auch ein Stürmer, der seinem Sturmpartner immer wieder den Ball aufgelegt hat, dies genau so lange tun, wie er auch umgekehrt bedient wird. Geschieht das nicht, glaubt er mehr geben zu müssen als er zurück bekommt, wird er es sich irgendwann anders überlegen und selbst schießen – selbst wenn er ungünstig steht. Mangelndes Vertrauen ist mithin schlecht für *alle* Beteiligten.

US-Volkswirt Samuel Bowles von der University of Massachusetts Amherst erzählt gerne die Geschichte von den Bauern des kleinen indischen Dorfes Palampur, die Jahr für Jahr zur Erntezeit misstrauisch beobachteten, wer wohl als Erster die Saat auswarf. Niemand wollte als Erster säen, weil die Vögel sofort über seine Körner herfielen. Weil jeder auf den anderen wartete, wurden die Felder regelmäßig zu spät bestellt. Die Ernte fiel daher weit geringer aus als möglich. Hätten sich die Bauern verständigt, gemeinsam zur richtigen Zeit auszusäen, hätten sie gemeinsam gewonnen.

Aber nur wenige tun den ersten Schritt, damit Vertrauen auch entstehen kann. Dabei wäre das klug. Denn Vertrauen ist weniger eine moralische Größe, als vielmehr ein ökonomisches Prinzip, das sich »rechnet«. Gerade auch im Unternehmen: Vertrauen ist geradezu die Existenzbedingung flexibler Organisationen. Auch bei Fusionen ist es der kritische Faktor. Vertrauen ist Kosten sparend, stützt die Motivation der Mitarbeiter, ermöglicht Wissensmanagement, bindet Kunden und ist die unersetzliche Voraussetzung erfolgreicher Führung. Das Wichtigste aber: Vertrauen ist der alles entscheidende Wettbewerbsvorteil auf schnellen Märkten. Es ist die einzige Ressource, die uns in der *Economy of Speed* überleben lässt. Und je »unruhiger« unsere Arbeitsverhältnisse werden, desto mehr wird Vertrauen das Band sein müssen, das die Menschen zusammenarbeiten lässt.

Was können Sie tun, damit Vertrauen wächst? Auf den ersten Blick erscheint Vertrauen als ein Zustand, den man kaum willentlich beeinflussen kann. Ob Ihnen ein anderer Mensch vertraut, können Sie zwar beeinflussen, aber nicht steuern. Was man aber tun kann, hat uns der ehemalige französische Nationaltrainer Aimé Jacquet gezeigt: Als Frankreich nach der erbärmlichen Heimniederlage gegen Bulgarien seine Teilnahme an der WM 1994 in den USA verspielt hatte, wollte niemand auf dem Trainer-Schleudersitz der Nationalmannschaft Platz nehmen. Keiner – außer Aimé Jacquet. Der ehemalige Fabrikarbeiter stand nicht für Eleganz und die große Geste, sondern für Kampfgeist, Bodenhaftung und Realität. Von Anfang an wurde er angefeindet. Seinem Vorgänger Michel Platini – dem »Beckenbauer» der Franzosen – hatte man die blamabelsten Niederlagen verziehen, Jacquet wurde von der Presse als geistig beschränkt verhöhnt. Dennoch schaffte er es gegen allen öffentlichen Widerstand, die Spieler hinter sich zu bringen. Wie? Er nutzte die Sogkraft des Vertrauens. Er versprach, dass er in jedem Falle nach der WM zurücktreten werde, auch im Falle des Titelgewinns: »Ich habe damals zu meinen Spielern gesagt: Passt auf! Wenn ich in Paris den WM-Pokal in den Händen halte, lasse ich euch in Ruhe. Ernsthaft habe ich ihnen damit verdeutlicht, dass wir eine Art Ehrenpakt abgeschlossen haben. Dadurch, dass ich darauf verzichtet habe, Karriere zu machen, habe ich ihnen meine Aufrichtigkeit demonstriert.« Er hielt sein Wort – nach dem Gewinn der WM trat er zurück.

Nichts verpflichtet so sehr wie Vertrauen.

Welche psychologische Mechanik hat Jacquet genutzt? Er hat sich abhängig gemacht von der Zustimmung seiner Mitarbeiter. Er hat sich *verwundbar* gemacht. So wie es auch Carlos Ghosn tat, als er bei Nissan seine zehn Erfolgspunkte verkündete: »Ich will das in zehn Jahren mit Ihnen erreicht haben. Wenn nicht, dann werde ich ohne Abfindung gehen.«

Wollen Sie also aktiv den Vertrauensmechanismus in Gang bringen, gibt es nur eine Möglichkeit: Verwundbarkeit startet Vertrauen. Kontrollverzicht ist das Instrument, mit dem Sie die Vertrauensbeziehung beginnen. Tatsächlich müssen Sie um Ihren »Einsatz« fürchten, Sie müssen sozusagen etwas zu verlieren haben, soll von Vertrauen die Rede sein. Und je größer der für Sie mögliche Schaden, desto größer Ihre Vertrauensleistung. Denn nichts verpflichtet so sehr wie Vertrauen. Dann ziehen alle an einem Strang, wie Oliver Kahn beschreibt: »Mir war und ist wichtig, dass der Trainer versteht, dass ich alles für den Erfolg versuche. Dieses Vertrauen in mich wollte und will ich spüren. Dadurch stellt sich bei mir das

Gefühl ein, dass wir beide, der Trainer und ich, für das gleiche Ziel arbeiten. Das muss der Trainer dem Spieler zu geben wissen.«

Kontakt ist wichtiger als Lob

Jeder weiß, dass im Unternehmen nur ein sehr enger emotionaler Verhaltenskanon zulässig ist: Trauer und Freude erlebt man selten, schon häufiger Zorn und Wut. Begeisterung und Leidenschaft ist das, was gefordert wird – selten werden sie spürbar. »Mehr Gefühl im Management!« – das wird deshalb schon seit vielen Jahren gefordert.

Insbesondere das Loben gilt in der Managementlehre seit ein paar Jahren als besonders »mitmenschliche« Form der Mitarbeiter-Führung. Analog zum Pfadfinder-Motto »Jeden Tag eine gute Tat« gilt nun als höchste Form der Führungsweisheit: »Du sollst deinen Mitarbeiter täglich einmal loben«. Und eigentlich müsste das Lob den Führungskräften ja auch gefallen, kommt es doch aus dem Gefühl, einem anderen Menschen überlegen zu sein und seine Leistung deshalb beurteilen zu dürfen.

Die Forderung nach häufigerem Lob wird gestützt von vielen Mitarbeiterbefragungen, in denen immer wieder ein Mangel an lobender Anerkennung beklagt wird. Die Klage richtet sich gegen alte Trainerböcke wie Max Merkel: »Spieler vertragen kein Lob. Sie müssen täglich die Peitsche im Nacken spüren.« Bezeichnend auch der Kommentar Jens Lehmanns zu Dortmunder Zeiten über Trainer Matthias Sammer: »Er hat uns auch schon mal gelobt. Ich kann mich allerdings nicht daran erinnern, wann das zuletzt der Fall war.« Würden Vorgesetzte mehr loben, so die Logik, wären die Mitarbeiter motivierter und die Ergebnisse besser.

Beim Lob handelt es sich insgesamt um ein Missverständnis.

Schieben Sie die Befragungsbögen zur Seite und sprechen Sie Auge in Auge mit einem Ihrer Mitarbeiter, der ganz offen zugibt, dass er gerne mehr gelobt würde und dass ihm das eine oder andere Kompliment schon gut täte. Fragen Sie ihn: »Wie sähe eine Anerkennung aus, über die Sie sich wirklich vorbehaltlos freuen würden?« Dann werden Sie schnell merken: Was die Menschen vermissen, das ist nicht Lob, das ist eigentlich *Kontakt*. Es fehlt an der Wärme des Umgangs, es fehlt an Herzlichkeit. Was sie entbehren ist Zugewandtheit, echtes Interesse, das Gefühl, dass sie wahrgenommen werden – nicht nur als Produktivfaktor, sondern als Menschen. Gespräche, Lachen, gemeinsame Zeit: das ist die *unbedingte* Aufmerksamkeit, nach der wir uns alle sehnen und ohne die wir alle nicht leben können. Leistung ist dafür keine Bedingung, nicht die Voraussetzung. Für diese unbedingte Zuwendung aber haben viele keinen Ausdruck. Deshalb wählen sie ersatzweise den Begriff der *bedingten* Zuwendung – das Lob. Und führen damit in die Irre: Mit »Lob gegen Leistung« ist Kontakt, Wärme und Herzlichkeit nicht zu ersetzen.

Das also ist dem Lob entgegenzusetzen: *sich mitfreuen* mit dem Erfolg des anderen, dies auch körpersprachlich zeigen, eine wohlwollende Beachtung, gemeinsam Zeit verbringen, Aufmerksamkeit, Gespräche führen, großzügig in der Zustimmung, zurückhaltend im Widerspruch sein, eine Form aktiver Nächstenliebe. Aber keine, die sich opfert, keine, die sich mildtätig herablässt, sondern eine aufrechte Nächstenliebe, die sich gefällt in unbedingter Freundlichkeit, die sich gefällt im Entfalten von Liebenswürdigkeit, grundsätzlich und gegenüber jedem Menschen. Und die klug ist, weil sie die Freude am eigenen Leben verstärkt.

Der Wunsch nach Lob verweist auf ein Führungsdefizit.

Gewiss ist: Wir können gar nicht genug Liebe, Respekt und Aufmerksamkeit bekommen. Das Lob ist aber selten das richtige Mittel, dem Ausdruck zu geben.

Fußball gibt uns auch hier eine sehr anschauliche Lektion, um was es geht: Männer, die offenbar hormonell entgleisen, sich küssen, die Kleider vom Leib reißen, in ekstatischen Zuckungen aufeinander liegen, vor Freude ganz außer sich sind. Aber auch Männer, die betreten auf dem Rasen knien oder hemmungslos weinen – wo kann man das sonst noch sehen außer im Fußball?

Ist so etwas im Unternehmen undenkbar? Eine Schweizer Künstlerin hat auf der Biennale 2001 in Venedig in einer Videoinstallation auf genau diese Differenz aufmerksam gemacht. Man sieht die Spieler zweier Fußballmannschaften voller Eifer spielen – in feinsten Anzügen. Mit Hingabe reißen sie sich bei Gefühlsausbrüchen das Futter aus den kostbaren Jacken, stülpen sich die Hemden über den Kopf, ziehen sich an den Krawatten. Wie sehr doch das Verhalten vom Spielfeld bestimmt wird!

Was kann man daraus lernen? Im Fußball ist Anerkennung noch das, was es im Kern ist und immer war: Kontakt. Lachen und sich freuen können über die Leistung eines anderen. Es ist der unmittelbare Bezug, die sofortige Reaktion. Kein Lob, keine ausladenden Gesten von oben, keine langen Sätze. Reduziert auf das Wesentliche. Der Fußball lehrt uns, dass Lob nur spontan und nur unter Gleichrangigen glaubwürdig und wertvoll ist.

Ich mache immer wieder die Erfahrung: Da, wo Kontakt ist, da gibt es kaum das Bedürfnis nach Lob. Eine kontaktstarke, warme, freundliche zwischenmenschliche Atmosphäre muss man deshalb nicht gleich zur »emotionalen Intelligenz« aufblasen – Natürlichkeit und Entspanntheit reichen völlig. Deshalb verweist der Wunsch nach Lob letztlich auf ein Führungsdefizit. Der Kern der Führung ist verfehlt – mit und durch andere Menschen erfolgreich sein. Schenken Sie Ihren Mitarbeitern das Wertvollste, das Sie haben: Ihre Lebenszeit. Und speisen Sie sie nicht ab mit der Fast-Food-Zuwendung des Lobs. Ihre Mitarbeiter haben Besseres verdient.

Nachdem Mainz 05 den 1. FC Nürnberg im Februar 2007 überraschend besiegt hatte, fand Nürnbergs Trainer Hans Meyer die bezeichnenden Worte »Die Leistung der Mainzer ist über jedes Lob erhaben.«

Leidenschaftliche Führung

»Und wir setzen unsere Strategie konsequent und erfolgreich um. Das Ergebnis des vergangenen Jahres zeigt, dass wir auf dem richtigen Weg sind. Natürlich lief in den vergangenen fünf Jahren nicht immer alles glatt. Vielleicht hätte man einiges schneller machen können. Es gibt immer operative Herausforderungen und diese haben wir bewältigt. Die Stellhebel unserer Volkswirtschaft, die wir direkt beeinflussen können, haben wir im Griff.« So einst der DDR-Staatsrats-Vorsitzende Walter Ulbricht bei der Vorstellung eines neuen Fünfjahresplanes. Sprachliche Versatzstücke ohne Aussagekraft. Hier werden keine Unterscheidungen gemacht, hier wird nichts konkret, hier gibt es weder Farbe noch Temperament – was für einen DDR-Funktionär auch überraschend wäre. Aber es handelt sich in Wirklichkeit um ein Zeitungsinterview eines Dax-30-Chefs. Geändert habe ich nur ein Wort: »Geschäft« habe ich durch »Volkswirtschaft« ersetzt.

Kann Sprache abgedroschener sein? Kann man deutlicher zeigen, wie sehr sich die Reden unserer Wirtschaftsführer im Abspulen planwirtschaftlicher Leerformeln erschöpfen – von einigen Ausnahmen einmal abgesehen? Kann man blutleerer sprechen? Wie will eine solche Führungskraft die Leute hinter sich bringen? Ansprachen von Wirtschaftsführern sind oft so langweilig, dass es schon wieder interessant ist zu untersuchen, warum sie so langweilig sind.

Deshalb meine ich auch nicht die sprachliche Camouflage, mit der im Falle des oben repräsentierten Unternehmens Krise und schlechtes Management vernebelt werden sollen. Nein, es steht mehr auf dem Spiel: nichts Geringeres als die wirtschaftliche Zukunft dieses Unternehmens.

Geht es nicht auch eine Nummer kleiner? Nein! Denn erstarrte Sprache verweist auf erstarrte Unternehmen. Man lausche nur dem weißen Rauschen abgegriffener Wortkaskaden wie »Synergien«, »strategische Neuausrichtung« und »Potenziale«. Gerade große Führungskräftekonferenzen sind nicht selten sprachlich sinnbefreite Zonen. Dieses staatstragende Gequatsche, hohl und schal, will es überhaupt etwas sagen? Vielleicht. Aber sicher will es nichts mitteilen, nichts anstoßen, schon gar nicht anstößig sein. Liturgisch und überraschungsfrei umkurvt man die Risiken – man könnte sich ja womöglich festlegen! Der Zuhörer lehnt sich zurück und denkt: Er hat ja so Recht. Und schläft langsam ein.

Das gilt nicht nur für Wirtschaftsführer. Auch viele Fußballtrainer finden einfach nicht die richtige Temperatur für ihr Geschäft, das eben auch immer eine starke emotionale Komponente hat – wo denn sonst kann man die Menschen so lachen und jubeln, stöhnen, weinen und seufzen sehen. Es ist erstaunlich, wie es zum Beispiel dem Nationaltrainer Berti Vogts gelang, trotz guter Ergebnisse in kurzer Zeit Gleichgültigkeit, ja Antipathie bei den Spielern zu erzeugen. Und wie öde ist es, nach der Niederlage einem Trainer zu lauschen, der uns mit träger und teilnahmsloser Miene verkündet, wir sollten uns keine Sorgen machen, man sei auf einem guten Weg ...

Wie kann ein Trainer die Herzen seiner Spieler erreichen, wenn ihm jedes Gespür für das Drama fehlt? Wie will er jemanden bewegen, wenn er selbst nicht bewegt ist? Wenn er keine Trauer zeigt, keine Freude? Glaubt man den neueren Forschungen der Neurobiologie, dann sind Entscheidungen zu achtzig Prozent emotional geprägt und nur zu zwanzig Prozent rational. Der Chef muss seine Truppe also nicht nur mit Sachargumenten überzeugen. Er muss sie auch emotional bewegen. Er muss die Herzen seiner Spieler erreichen.

Marcello Lippi, der als Trainer der italienischen Mannschaft

2006 Weltmeister wurde, sagt dazu: »Management ist faszinierend. Ich höre und lese verschiedene Beschreibungen darüber, was einen Topmanager ausmacht. Großartiges Coaching, Intelligenz, Entscheidungsfreude, so viele Dinge. Aber allzu häufig übersehen wir den Basisfaktor, und das ist Enthusiasmus. Es ist so wichtig, den zu haben. Enthusiasmus springt auf andere Menschen über.« Dafür gibt es zahlreiche Beispiele: Kevin Keegan mag es als Trainer an taktischem Geschick gefehlt haben, aber sein Enthusiasmus ist legendär in der Fußballwelt. Franz Beckenbauer gab am 8. Juli 1990, im WM-Endspiel gegen Argentinien, seine Gelassenheit, seine verschränkten Arme und seine unterdrückten Emotionen auf. So hatte man ihn noch nie erlebt: aufspringend, gestikulierend, schimpfend, schreiend, jubelnd. Der Kaiser ließ alle Würdegesten sausen. Deutschland wurde Weltmeister. Jürgen Klinsmann hielt mit seiner echten Begeisterungsfähigkeit, das heißt einer nicht-inszenierten Leidenschaft, Kabinenansprachen, die selbst bei erfahrenen Spielern Gänsehaut hervorriefen. Weil sie in diesen Momenten ihren Trainer nicht nur als Strategen, sondern als *Menschen* erlebten.

Wollen wir in Unternehmen aufbrechen, brauchen wir auch den sprachlichen Aufbruch.

Ein moderner Trainer »lehrt« heute nicht mehr Fußball, er verkörpert ihn, er ist besessen von seiner Aufgabe, er brennt dafür. Aber das sagt er nicht, er lebt es. Er gibt selbst alles und fordert es nicht nur von seinen Spielern.

Immer wieder beobachte ich in Unternehmen das Bemühen, mit müdem Wortquark und verquasten Allgemeinplätzen für einen mentalen Aufbruch zu werben. Aber kann man mit wabernden Wortgirlanden Herzen erreichen? Kann man mit sprachlichen Nebelkerzen die Menschen ermutigen, etwas zu tun, was sie sich bislang nicht zugetraut haben? Nein, kann man nicht. Dazu bedarf es der sprachlichen Erderschütterung, der pointierten Zuspitzung, eines Engagements, das auch in der Wortwahl spürbar wird, einer Sprache, die frisch ist, originell, die schreit, weint, stöhnt und lacht. Undenkbar in Unternehmen? Mag sein. Aber wir können Menschen nicht nur sachlich-nüchtern die Notwendigkeit einer Zielerreichung vor Augen führen. Die Kunst des Managements besteht gerade darin, Menschen für sich zu gewinnen. Darin ist auch ein personaler Aspekt der Treue und der Hingabe an die Führungskraft enthalten, die diese Ziele ja gleichsam repräsentiert. Wollen wir in den Unternehmen aufbrechen, wollen wir den mentalen Umschwung, dann brauchen wir auch einen sprachlichen Aufbruch. Nur wenn sich die viel sprechenden Persönlichkeiten in den Unternehmen um sprachliche Frische, um das Eigene, das Nichtabgenutzte bemühen, kommen wir auch zu erfrischten Unternehmen. Mit festgezurrtem Sprachkorsett wird man sich kaum ins Offene wagen.

Was fehlt denn dem durchschnittlichen Manager, was ein guter Sportler immer hat? Ganz oft ist es der Enthusiasmus für die eigene Sache. In manchen Bereichen wird sehr cool gemanagt und nicht daran gedacht, dass man Menschen auch anstecken, beseelen, begeistern muss. Was man also vom Fußball lernen kann, ist, mehr Gefühle zu zeigen. Ein wichtige Lektion sollte sein: Ein Spiel muss dramatische Qualitäten haben, sonst lohnt es sich nicht, zu spielen. Das Absaugen sämtlicher Emotionen ist ein klares Foul. Wenn man mit Herzblut bei der Sache ist, dann muss das auch in der Sprache lebendig werden. Und es muss glaubwürdig sein: Das Sagen muss dem Handeln entsprechen. Heiße Worte und kalte Taten passen nicht zusammen, auch nicht leidenschaftliche Sprache und triebreduziertes Handeln. Gefühle sollte nur zeigen, wer auch welche hat.

Nun ist Deutschland bekanntlich nicht das leidenschaftlichste Land Europas. Das gilt auch für die Fußballkommentatoren. Wenn Sie die Chance haben: Probieren Sie den Zweikanalton! Egal, welche Sprache Sie da empfangen, ob portugiesisch oder englisch, das Spiel wird Ihnen plötzlich viel aufregender vorkommen.

Ziele müssen erreichbar sein

Die Zeitschrift *kicker* veröffentlicht zu Beginn jeder Saison die angekündigten Saisonziele aller 18 Bundesligisten. Sie sind durchweg derart hochgesteckt, dass zwangsläufig drei Viertel der Mannschaften sie verfehlen werden. Vor der Saison 2006/07 weigerte sich nur ein Klub standhaft, eine Saisonvorgabe zu formulieren. Mehr als schönen und leidenschaftlichen Fußball wolle man nicht spielen. Dieser Klub war der VfB Stuttgart, der spätere Meister.

Was sollen hochgesteckte Ziele? Motivieren? Dann kann man sich doch gar nicht freuen, wenn man mal über das Ziel hinauskommt! In Wirklichkeit bildet die überhöhte Erwartung die Legitimation für Druck und möglichen Trainerwechsel. Sie ist simple *Drohung*. Die überzogenen Erwartungen werden von der Tribüne dankbar aufgenommen, und wenn die Wirklichkeit zuschlägt, kommen die Proteste. Erst Gesänge: »Wir wollen euch kämpfen sehen« oder, wenn das auch nicht so recht klappt, »Scheiß Millionarios«. Dann Boykott: Fans setzen sich mit dem Rücken zum Spielfeld, kommen erst eine Viertelstunde nach Anpfiff oder gar nicht mehr. Drittens: Sitzblockade, man verhindert die Abfahrt des Mannschaftsbusses. Viertens: Entlassung des Trainers. Die Vereinsführung wäscht die Hände in Unschuld: »Wir haben keine Wahl!« Woraufhin die Tribüne für drei Spiele zufrieden ist. Dann geht das Ganze von vorne los. Die Konsequenz in der Bundesliga: Acht Trainer-Entlassungen in der Vorrunde 2005/06 – Rekord.

Als Trainer steht man heute tatsächlich unter erheblich höherem Druck als in früheren Zeiten. Medien, Sponsoren und Öffentlichkeit überwachen sensibel das Geschehen. Aber häufig ist der Druck selbst produziert. Wenn Wolfgang Overath beim 1. FC Köln ausschließlich das Ziel »Wiederaufstieg in die 1. Liga« akzeptiert, dann kommt man nach zwei unglücklichen Niederlagen schnell in eine Negativ-Spirale, die von einer dauerhysterischen Presse angeheizt wird.

In den Unternehmen verhält man sich oft so wie Wolfgang Overath. Dort spricht man dann von »Herausforderungen« und glaubt unbeirrbar an »ambitionierte Ziele«, die anspornen sollen. Nach dem Motto: »Man muss das Unmögliche wollen, um das Mögliche zu erreichen.« Bei allem Respekt – so etwas ist schlicht Unfug. Das Gegenteil ist der Fall: Die Wirkung ist demotivierend. Beim ersten kleinen Rückschlag sind die Ziele kaum mehr erreichbar. Die Mitarbeiter fühlen sich nicht mehr ernst genommen. Sie entkoppeln sich von der Geschäftsleitung, fühlen sich nicht mehr im selben Boot: »Wie schauen die auf mich, wenn sie solche Erwartungen haben? Die haben ja keine Ahnung vom Markt!«

Bei Aktiengesellschaften heißt die Tribüne »Aufsichtsrat«, gegebenenfalls auch »Analysten«. Sehen Sie das Problem? Es geht nicht darum, einen guten Job zu machen, eine Erfolgsgemeinschaft zusammenzuschweißen und es geht auch nicht um Innovation und Kreativität. Es geht darum, den Aufsichtsrat respektive die Analysten zu beeindrucken. Das kann funktionieren, wenn dort Flachköpfe sitzen. Erfahrene Praktiker werden das Manöver durchschauen.

Hoffentlich, denn hohe Ziele sind in den Unternehmen noch problematischer als im Fußball. Im Unternehmen heißt »Ziel erreicht« immer auch: Nichts Neues ausprobiert. Nichts investiert. Nichts riskiert. Zwar existierende Märkte ausgebeutet, aber keine neuen angebahnt. Und je enger ein Unternehmen seine Ziele fasst, umso mehr definiert es gleichzeitig die Abweichung, den Fehler. Das Unternehmen *erzeugt* also den Fehler. Ohne eng definierte Ziele gäbe es ihn nicht. Wenn diese Ziele vom Top-Management dann noch mit einem hohen Erwartungsdruck belegt werden, werden Mitarbeiter risikoscheu. Zielorientierte Manager machen sich nicht klar, dass hohe Ziele immer auch die Botschaft kommunizieren: »Vermeide Fehler um jeden Preis!«. Nikes Phil Knight ist der Überzeugung: »Wenn wir keine Fehler machen, heißt das, dass wir nicht genügend neue Dinge ausprobieren.« Die Mitarbeiter machen dann nur noch die Dinge richtig – statt die richtigen Dinge zu tun.

Realistische Ziele heißt jedoch nicht *leicht erreichbare* Ziele. Man soll sich schon anstrengen müssen, sie zu erreichen – ohne Anstrengung gibt es auch keine Freude. Es muss die Gefahr des Misslingens bestehen, die Ergebnisse dürfen einem nicht in den Schoß fallen. Aber es muss auch die reelle Möglichkeit bestehen, sie zu übertreffen. Der ehemalige Schweizer Nationaltrainer Rolf Fringer: »Es ist klüger, nach außen weniger zu versprechen, nach innen schon ambitionierte Ziele anzupeilen. Aber sie müssen erreichbar sein.«

Dass es für seriöse Ziele nicht überall Beifall gibt, weiß Heribert Bruchhagen, der Vorstandsvorsitzende von Eintracht Frankfurt: »Viele wollen das nicht mehr hören. Sie wollen Emotionen geweckt haben. Dann heißt es: Man muss sich doch Ziele setzen! Glauben Sie, es wäre schwer für mich, Ziele zu postulieren? Das wäre für mich ein Leichtes. Aber Verantwortung und Emotion unter einen Hut zu bringen, das ist meine Aufgabe.« Hält man sich nicht daran, dann kann ein verschossener Elfmeter schnell zu einer Existenzkrise führen. Können wir mit Blick auf Ziele noch etwas vom Fußball lernen? Ja, eigentlich etwas ganz einfaches, was aber selten befolgt wird: Sie sollten Ziele vereinbaren, nicht setzen. Jürgen Klinsmann verhandelte seine Ideen immer mit den Leuten, die dafür wichtig sind, ob das nun Oliver Bierhoff, Joachim Löw oder die Spieler waren. »Wenn ich mit einer Idee in die Gespräche hineingehe, kommt am Ende aber nie 100 Prozent Klinsmann heraus«, sagt der ehemalige Bundestrainer.

Vereinbaren Sie realistische Ziele – wirklich realistische. Das sind »Gut-genug-Ziele« – Ziele, die es auch erlauben, sie zu übertreffen und sich freuen zu können. Wer aber meint, realistische Ziele seien unrealistisch, der wird die Realität kennen lernen.

Führung hat einen Störungsauftrag

Trainer Volker Finke erfand die Breisgau-Brasilianer: Mit ihm stieg der SC Freiburg dreimal in die erste Liga auf und spielte zweimal im UEFA-Cup. Erfrischend anders ging man dort ans Werk: offensiv, eigensinnig und schuldenfrei. Eine Gegenwelt zum Geldscheffelfußball. Fünfzehn Jahre blieb der »ewige Finke«. Dann trennte man sich, als 2006 der Abstieg aus der 2. Bundesliga drohte – die älteste Partnerschaft im deutschen Profifußball war zu Ende. Auch wenn es nie zur Meisterschaft gereicht hatte, war Finke doch ein Opfer der *Erfolgsfalle* – man hatte den Wiederaufstieg ja auch immer wieder geschafft. Nur irgendwann reichte das nicht mehr. Das Umfeld hatte sich verändert. Man hätte mehr Geld investieren müssen. Aber dazu waren die Sponsoren, von Finkes brüsker Art abgeschreckt, nicht bereit.

Betrachten wir parallel den Start einer Firma: Glückliche Umstände haben eine Marktnische eröffnet, eine Handvoll Menschen, die sich entschlossen haben, ein Unternehmen zu gründen, stoßen dort hinein. Sie nutzen sie einige Jahre, vielleicht Jahrzehnte. Allmählich stellt sich Routine ein, die Gewöhnung wuchert, langsam verkrusten Prozesse und Strukturen – wir alle kennen das Gewicht unserer Erfolgsgeschichten. Aber dann wendet sich Fortuna ab, die Umstände ändern sich, die Märkte, das Konsumverhalten der Menschen. Das einst frische, flexible und auf Kunden hin orientierte Unternehmen – ist es bereit, seine Erfolgstradition kritisch zu hinterfragen? Falls nicht, verliert es seine Außensensibilität und seine Anpassungsfähigkeit. Man scheitert trotz verstärkter Anstrengungen.

Aus persönlicher Betroffenheit: Rennrad-Rahmen kamen jahrzehntelang nur aus Italien. Das Credo dort war: Fahrradrahmen sind aus Stahl. Karbon? Aluminium? Modischer Firlefanz! Heute gibt es keinen italienischen Rennrad-Rahmen von Rang mehr.

Wir alle sind in gewissem Sinne Opfer unserer Erfolge. Wenn wir etwas erfolgreich getan haben, dann entwickeln wir daraus oft ein Programm, und dieses Programm heißt »Erfahrung – Regelhaftigkeit – Weiter so!« Sollten sich die Umstände ändern, dann antworten wir mit erhöhtem Einsatz in der gleichen Richtung. Je schneller sich aber die Umwelt ändert, desto schneller haben sich auch unsere Erfolgsrezepte überlebt. Das ist der Grund, warum die durchschnittliche Lebensdauer von Unternehmen auf weniger als 20 Jahre gesunken ist. Und weiter fällt.

Der deutsche Fußball saß lange in dieser Erfolgsfalle. Er hatte das Pech, immer sofort wieder Glück zu haben. Kaum erfolgte ein Rückschlag, kam gerade noch rechtzeitig der Erfolg, sonst hätte man ja grundsätzlicher die Dinge in Frage stellen müssen. Weltmeister 1990 und Wiedervereinigung – das war auch für Franz Beckenbauer zu viel des Guten. Er hielt gar das Ende der Fußballgeschichte für gekommen: »Wer soll uns denn überhaupt noch schlagen?« Nun ja, wir selbst. Wir waren satt und größenwahnsinnig. Uns auf das richtige Maß zurückzustutzen fiel schon kurz danach dem Fußballzwerg Dänemark zu – bei der Europameisterschaft 1992. Zwei Jahre später, als nach Beckenbauers Unbesiegbarkeitslosung eigentlich der Weltmeistertitel verteidigt werden sollte, zeigten uns dann die Bulgaren, wie erfolgsverwöhnt wir waren. Nach diesem Absturz kam aber plötzlich und unerwartet der EM-Sieg 1996. Wieder kein Anlass für grundsätzliche Überlegungen.

Vor allem die Nominierung von Lothar Matthäus warf den deutschen Fußball spieltaktisch um Jahre zurück. Ganz Europa hatte den »letzten Mann« durch die Viererkette ersetzt, nur die Deutschen glaubten mit einem überforderten Rekordnationalspieler die Zeit aufhalten zu können. Keine Experimente! Politik der kleinen

Schritte! Veränderung nur in homöopathischen Dosen! Wenn die Deutschen dann mal wieder verloren, wurde (und wird heute noch) der Verlust des großen Spielmachers beklagt. Oder die fehlende Zweikampfstärke. 2002 kam man dank Losglück und Oliver Kahn ins WM-Finale. Ein weiterer Erfolg, der ein Unheil war, verschob er doch die grundlegende Erneuerung um Jahre.

Fazit: Es ging uns einfach lange Zeit nicht dreckig genug. Wie Goethe sagt: »Alle Veränderung resultiert aus Leid.« Und der deutsche Fußball litt nicht. Nicht genug.

Nichts ist so problematisch für den Erfolg von morgen wie der Erfolg von gestern. Eine der eindrucksvollsten Erfahrungen beim Schreiben dieses Buches war denn auch die Lektüre älterer Zeitungsausschnitte. Mit dem Wissen über die aktuelle Krise eines Klubs lesen sich die damaligen »Erfolgsgeheimnisse«, die »10 Tipps zur Meisterschaft« befremdlich. Mit der Erfahrung von heute weiß man, dass ihre Haltbarkeitsdauer kurz ist.

Was kann Führung daraus lernen? Brechen Sie mit bewährten Erfolgsmustern! Wenn Unternehmen überleben wollen, dann müssen sie situationsbunt antworten, auf hoch strukturiertes Vorgehen verzichten, dem Zufall eine Chance geben. Wer starr am bisher Erfolgreichen festhält, fliegt früher oder später aus dem Markt. Eher früher: Nichts steht dem Verfall so nahe wie hohe Blüte. Man kann nicht einfach die Vergangenheit nach vorne in die Zukunft klappen. Es ist – im Gegenteil – überlebenswichtig, die Routinen immer wieder aufzubrechen, die Strukturen im Unternehmen regelmäßig in Frage zu stellen, die Leute von den Stühlen zu schieben. Das ist der *Störungsauftrag* der Führung.

Brechen Sie mit bewährten Erfolgsmustern!

Ich möchte noch einen Schritt weitergehen, auch wenn es scheinbar widersinnig klingt: Störung ist *per se* ein Wert. In erfolgreichen Firmen ist die Revolution permanent. Die wichtigste Frage ist: »Wie kann ich in meinem Unternehmen dauerhaft den Gründergeist lebendig halten?« Das Schlimmste, was einen Manager ereilen kann, ist Zufriedenheit mit der Routine. Wenn ein Programm erst einmal läuft, ist die Gefahr groß, dass man sich bequem darin einrichtet. Peter Brabeck-Letmathe, bis 2007 CEO von Nestlé: »Es geht nicht darum, nachzudenken, was uns bisher erfolgreich gemacht hat, es geht primär um die Frage, was wir tun müssen, damit wir auch in der Zukunft erfolgreich sind. ... Das ist die vielleicht schwierigste Aufgabe in einem Unternehmen überhaupt – insbesondere, wenn es bereits erfolgreich ist.«

Störungsauftrag bedeutet, den Status quo immer wieder in Zweifel zu ziehen! Die Beharrungsenergien des »Das machen wir hier immer so!« als Einweihung in den Untergang brandmarken. Die Unternehmenskultur mit Veränderungswillen aufheizen. Die Worte »immer« und »nie« auf den Index setzen. Die Erfolgsrezepte der Vergangenheit ehren, indem man sie hinter sich lässt. Die »Wahrheit« hinterfragen, den »Sachzwang« aufschütteln, sich nicht zufrieden geben und wohlig einrichten im selbstgefälligen »Weiter so!« Die unbefahrene Straße fahren. Denken, was andere nicht denken. Machen, was andere nicht machen.

Führung muss sich also über das Mehr-vom-Selben erheben, muss über den Tellerrand schauen, Umweltveränderungen abtasten und Mitarbeiter und Organisation vorbereiten auf das, was unvermeidlich ist und unweigerlich kommen wird: Wandel.

Nicht nur runde Tische, auch eckige Entscheidungen: Führungskräfte müssen führen, indem sie stören, indem sie prophylaktisch die Organisation mit Irritation versorgen, um die Neuorganisationskräfte nicht erlahmen zu lassen. Dafür werden sie nicht geliebt. Aber vielleicht doch anerkannt. Dann nämlich, wenn die Mitarbeiter ihr langfristiges Selbstinteresse gewährleistet sehen, das heißt in der Störung einen Beitrag zur Überlebenssicherung erkennen können. So wie es Ottmar Hitzfeld während seiner ersten Amtszeit beim FC Bayern München erging. Er entwickelte die Theorie, es sei sinnvoll, einem Spieler eine Auszeit zu gönnen, der beim letzten Spiel noch geglänzt hatte. Man müsse ständig Neues ausprobieren, für den Gegner nicht berechenbar sein, und Profis mit aktueller Leistungsschwäche müssten immer wieder mit einer neuerlichen Nominierung für die Startelf unterstützt werden. Das nannte er »positive Rotation«. Wollte er für Erfolg bestrafen? Es sollte nur niemand erfolgsverwöhnt werden.

Bestimmen Sie das Ziel, nicht den Weg

Otto Rehhagel als Trainer der griechischen Nationalmannschaft wird 2004 Europameister in Portugal – einer der irritierendsten Turniererfolge des Weltfußballs überhaupt. Die Fachwelt staunt, schüttelt weise Häupter, stammelt was von Glück und Ausnahme. Zwar ist Rehhagel als Trainer ein Mann klarer Worte ohne langes Herumgerede. Aber er konnte kein Griechisch. Kein Wort. Nicht sprechen, nicht lesen, nicht schreiben. Europameister wurde er dennoch. Wolfram Eilenberger stellt in seinem vorzüglichen Buch *Lob des Tores* die ketzerische Frage, »ob Ottos Siegeszug nicht etwa trotz, sondern vielmehr wegen seiner fehlenden Sprachkenntnisse möglich wurde.« Eilenbergers Argument: Wenn ein Spieler seinen Trainer nicht versteht – was bleibt dem Spieler anderes übrig, als das zu tun, was er selbst in einer bestimmten Situation tun würde?

Ein Spieler, der seinen Trainer nicht versteht, stellt um von Außensteuerung auf Innensteuerung – notgedrungen. Er muss das tun, was sein Instinkt ihm sagt, er muss auf die eigene innere Stimme hören und sich auf seine Stärken verlassen. Und dass er eigene Ressourcen der Problemlösung hat, weiß er, sonst stünde er nicht auf dem Platz. Schließlich wurde er aus vielen Bewerbern ausgewählt, trainiert und schließlich aufgestellt.

Es ist so zumindest nicht unwahrscheinlich, dass das Wissen um das Nicht-Verstehen sogar die Verständigungsbereitschaft der Spieler untereinander gefördert hat. Man stelle sich vor, man ist in der Mannschaft geschlossen der Meinung, man habe den Trainer ungefähr verstanden. Einzelheiten sicher nicht, es bleibt ein Bereich der

Unschärfe, der nun selbstverantwortlich zu füllen ist. Die Mannschaft diskutiert taktische Fragen intensiver, denkt sich eigene Spielzüge aus. Die Unschärfe fördert die Kommunikation! Und es kommt zur Selbstorganisation, die neue Möglichkeiten eröffnet, das Wissen der vielen nutzt und zudem noch Wir-Gefühl erzeugt. Etwas, was sich in Unternehmen oft bei Nachtschichten beobachten lässt, die häufig eine ungeheure Fähigkeit zur Selbstorganisation entwickeln – weil der Schichtleiter schläft, man keine Formulare ausfüllen muss, man einfach sehen muss, wo man bleibt. Das erzeugt loyale Reparaturintelligenz von unten!

Rehhagel hat sicher am Spielfeldrand mit Händen und Füßen versucht, sich verständlich zu machen und Einfluss zu nehmen. Aber auch die großartig verdichtete Zeichensprache eröffnet Interpretationsspielräume. Außerdem reduziert der erhöhte Lärmpegel in den modernen Kampfarenen den Einfluss des Trainers während des Spiels. Es ist bei 80 000 Zuschauern in den modernen Steilstadien einfach zu laut, um miteinander zu sprechen. Da muss man sich vertrauen können. Zu laut – das kann man stellvertretend für die Informationsdichte nehmen, die auf Menschen in Unternehmen heute niederprasselt – via E-Mail, SMS, Voicemail oder anderen Kontaktbeschleunigern. Aber muss man seinen Spielern überhaupt alles bis ins Kleinste vorkauen? *Sollte* man es tun?

Der Trainer erklärt seine Taktik vor dem Spiel, nicht während des Spiels.

Vom Fußball können wir eigentlich etwas ganz Einfaches lernen, was aber selten befolgt wird: Der Trainer erklärt seine Taktik *vor* dem Spiel. Nicht *während* des Spiels. Er mag versuchen, auch während des Spiels Anweisungen zu geben, er mag gestikulieren, aber eigentlich bleibt er machtlos. Und das ist gut so. Genau wie ein Chef mit seinen Mitarbeitern Ziele vereinbaren sollte und dann die Wege seinen Mitarbeiter überlässt. Weil er ihnen vertraut – warum wären sie sonst seine Mitarbeiter? »Das machen wir doch schon längst!«, höre ich von allen Seiten. Nein, tun Sie nicht! Im Gegenteil: Sie sind oft Weltmeister im Erklären der Wege, aber maximal unklar in der Vereinbarung der Ziele.

Bleibt noch Rehhagels Scheitern zwei Jahre später zu erklären, bei der Qualifikation für die WM 2006. Folgen wir noch einmal Wolfram Eilenberger: Er vermutet erfrischend konsequent, das Scheitern »sei maßgeblich auf ein gewachsenes Verständnis zwischen ihm und seinen Meisterspielern zurückzuführen.« Das mag gewagt sein – unmöglich ist es nicht. Übergroße Nähe des Trainers zur Mannschaft ist kontraproduktiv. Das Nicht-gänzlich-Verstehen hingegen ist produktiv. Es eröffnet Spielräume, die nur durch Vertrauen zu füllen sind.

Das gilt natürlich auch für den Führungsspieler auf dem Feld, den Kapitän und verlängerten Arm des Trainers. Es ist während des Spiels aus verschiedenen Gründen nahezu unmöglich, den Anweisungen des Trainers zu folgen. Mehr noch: Der Kapitän einer Mannschaft wäre eine Fehlbesetzung, benötigte er erst eine Weisung des Chefs, um aktiv zu werden. Gehen wir noch einen Schritt weiter: Ein Trainer kann sich nicht auf einen Spieler verlassen, der in entscheidenden Situationen sich nicht auf sich selbst verlässt. Wer davon abhängt, dass ihm jemand sagt, was zu tun ist, kann nicht schnell sein, kann nicht flexibel sein, kann nicht den tödlichen Pass spielen. Am Beispiel Real Madrid konnte man über viele Jahre sehen, was passiert, wenn dauernd und fußballfremd von der Seite ins Feld hineingequatscht wird. Für Sie als Führungskraft heißt das: Wenn Sie mit jemandem zusammenarbeiten, dann sollten Sie ihm sehr weitgehend vertrauen. Wenn Sie ihm aber nicht vertrauen wollen, dann arbeiten Sie besser nicht mit ihm zusammen.

Stärken stärken

Rudi Völler hatte als Nationaltrainer natürlich auch mit Spielern zu tun, denen es im Laufe einer Weltmeisterschaft dämmert, dass sie wohl nicht zum Einsatz kommen: »Bei allem Erfolg gibt es lange Gesichter, und man beschäftigt sich deshalb mehr mit denen, die nicht spielen.« Ein Fehler, sagt Völler heute. Zwar sei es auch wichtig, sich um die unzufriedenen Reservisten zu kümmern, aber das dürfe nicht so weit gehen, »dass man nur noch Feuerwehrmann ist.«

Kennen Sie das auch aus Ihrem Führungsalltag? Obwohl Sie wissen, dass 20 Prozent Ihrer Mitarbeiter 80 Prozent der Ergebnisse liefern, ist Ihre Zeitverteilung wahrscheinlich genau gegenläufig: Sie verbringen 80 Prozent Ihrer Zeit mit den Problemfällen und nur 20 Prozent Ihrer Zeit mit den Erfolgreichen. Wie die Motte vom Licht fühlen Sie sich angezogen von der Gruppe der schwierigen Mitarbeiter. Warum das so ist? Man glaubt, da sei noch viel »Potenzial« zu heben. Wichtiger aber ist, dass diese Menschen meistens jammern – deshalb muss man sich ständig um sie kümmern. Wer am lautesten schreit, kriegt in der Regel am meisten Aufmerksamkeit. Und da wir ja alle hilfreich in der Welt sein wollen, wird viel Zeit investiert, um Schwachleister bei Laune zu halten, die beleidigte Leberwurst wieder aufzurichten, zu coachen, zu trainieren, ihr gut zuzureden und mangelnde Ergebnisse durch Hilfsleistungen und die Mehrarbeit anderer Kollegen aufzufangen.

Die geringe Aufmerksamkeit für die Leistungsträger wird oft begründet damit, dass die Guten ja wissen, was sie zu tun haben, bei denen läuft es von allein, die brauchen keine Kontrolle. Das brauchen sie vielleicht auch nicht. Aber ganz sicher brauchen sie Zuwendung. Es ist ein Mythos, dass die »Stars« allein gelassen werden wollen. Auch die Erfolgreichen sind Menschen und haben Bedürfnisse nach Kontakt. Sie mögen unabhängig sein, hoch individualisiert, ja eigensinnig, aber auch sie brauchen die Aufmerksamkeit ihres Chefs – sonst wären sie längst selbstständig.

Schauen wir auf die andere Seite des Leistungsspektrums, dorthin, wo man gemeinhin noch Potenziale vermutet. Dort müssen wir seit langem anerkennen, dass die zeitlichen und geldlichen Investitionen leider nur einen geringen Wirkungsgrad haben. Wir sind dort viele Jahre von überzogen optimistischen Grundannahmen ausgegangen. Jedenfalls stehen die vereinzelten Erfolge selten in einem betriebswirtschaftlich begründbaren Verhältnis zum Aufwand. Was heißt das für Sie als Führungskraft? Investieren Sie nicht zu viel Zeit am Schwäche-Pol – aller Erfahrung nach bringt das nicht viel. Investieren Sie da, wo die Starken sind. Machen Sie die Guten besser, die Starken stärker – und leben Sie mit den Schwachen.

Machen Sie die Guten besser.

Das gleiche Phänomen zeigt sich in der Neigung vieler Führungskräfte, auf den *einzelnen* Mitarbeiter zu schauen und sich mit dessen *Schwächen* zu beschäftigen. Sie erträumen sich für eine bestimmte Aufgabe eine ideale Besetzung, betrauen einen Mitarbeiter mit der Aufgabe und schicken ihn bei mangelnder Leistung zum Training: Die Defizite sollen ausgebügelt werden.

Diese Vorgehensweise hat zwei Nachteile. Zum einen fokussiert sie zu sehr auf das Individuum. Man versucht, den Einzelnen zu verbessern, ihn den Erwartungen anzupassen. Die *Zusammenarbeit* aber, die Wechselwirkungen im Team bleiben zumeist ausgeblendet. Selten wahrgenommen wird auch der Einfluss, den die Führungskraft auf die Leistung hat. Jürgen Klopp über die Neigung vieler Trainer, sich zu oft und zu lang mit individueller Schwachleistung zu beschäftigen: »Mich interessiert nicht, ob ein Spieler auf den ersten vier Metern 0,3 oder 0,37 oder 0,32 Sekunden braucht. Ich muss auf die Gruppe achten und kann mich nicht zu sehr mit Einzelfällen beschäftigen.« Deshalb ist es klüger, auf die Wechselwirkungen in der Mannschaft zu schauen.

Zum anderen sitzt man einem Missverständnis auf – denn eigentlich gibt es keine Schwächen. Zumindest nicht in einem absoluten Sinne. Das wird sofort plausibel, formuliert man einige Antworten auf die Standardfrage im Bewerberinterview: »Was sind denn Ihre größten Stärken?« Listen wir einige dieser Pfadfinder-Platituden auf: durchsetzungsstark, ganzheitlich denkend, kompromissfähig, analytisch, sachorientiert, gradlinig, mitfühlend, überlegt, anpassungsfähig, kreativ, tatkräftig, entscheidungsstark. Man kann sich die Wirrnis in den Köpfen der Bewerber gut vorstellen: Wie soll ich *gleichzeitig* durchsetzungsstark und kompromissfähig sein? Wie soll ich schnell entscheiden und *gleichzeitig* kreativ sein? Wie soll ich ganzheitlich und *gleichzeitig* analytisch denken?

Und es geht auch gar nicht. Alle Ideen sind in ein polares Feld gespannt, in dem wir eine immer neue Balance finden müssen. Nehmen wir eine Eigenschaft wie »meinungsfreudig«. Zweifellos etwas Vorteilhaftes. Aber ist nicht »unvoreingenommen« genauso wichtig? Wer wollte gegen eine der beiden Seiten seine Stimme erheben? Oder die Eigenschaft »durchsetzungsstark« mit dem Gegenbegriff »kompromissfähig«. Sie werden sicherlich beide Eigenschaften als positiv bewerten. Aber beides zusammen in einer Person ist nun mal nicht zu haben: Kein Mensch ist in gleichem Maße durchsetzungsstark und kompromissorientiert; er ist entweder mehr das eine oder mehr das andere. (Nur Vorstandsvorsitzende glauben, sie könnten sich situativ mal so und mal so verhalten.)

Sie ahnen es bereits: Es gibt im strengen Sinne keine Stärke, die ausschließlich eine Stärke ist, und auch keine Schwäche, die immer nur eine Schwäche ist. Jede Stärke enthält unentrinnbar ein Defizit, ist begleitet von einer Zwillingsschwäche. Und umgekehrt. Das eine ist ohne das andere nicht zu haben. Es ist wie Licht und Schatten. Wie eine Ihrer Eigenschaften zu bewerten ist, hängt davon ab, in welcher *Situation* Sie sich befinden.

Das heißt: Es gibt nur individuelle Talente, die in bestimmten Situationen zu Schwächen oder zu Stärken werden. Daraus ergibt sich die Frage: Sollte man nicht besser die Menschen so einsetzen, dass ihre Neigungen und Talente zu Stärken werden? Also im Sinne der Mannschaft positiv wirken? Das hat Jürgen Klinsmann getan. Er hat sich weniger darum gekümmert, was die Spieler nicht konnten (und das war eine ganze Menge), sondern darum, was sie konnten. Was sie dann ja auch in bewunderungswürdiger Weise vorführten.

Personaleinsatz – im richtigen Moment einwechseln

Europameisterschaft 1976, Halbfinale: Zur Pause liegt Deutschland gegen Gastgeber Jugoslawien mit 0:2 hinten. Helmut Schön bringt in der zweiten Halbzeit den Kölner Heinz Flohe und elf Minuten vor dem Abpfiff noch dessen Kölner Kollegen Dieter Müller, der bis dahin noch ohne Länderspiel war. Am Ende steht es 4:2 für Deutschland durch ein Tor von Heinz Flohe und drei Tore von Dieter Müller.

Das waren die wohl folgenreichsten Einsatzentscheidungen eines deutschen Bundestrainers. Sicher glücklich. Aber es bedarf auch eines guten Auges – für die Situation und vor allem für die verfügbaren Talente. Man denke nur an den phänomenalen Torriecher des »besten Auswechselspielers der Welt« Jürgen Grabowski in den 70er Jahren.

Arsène Wenger gilt als der Trainer mit dem besten Auge für Talent und Einsatz. Wie kein anderer hat er Spieler umpositioniert, von denen er glaubte, dass sie dort erfolgreicher spielten. Besonders berühmt ist der Fall Thierry Henry, der defensiver Mittelfeldspieler war, als er nach mäßiger Vorstellung bei Juventus Turin 1999 zu Arsenal London kam. Wenger erkannte das Stürmer-Talent – noch heute ist Henry weltweit an Eleganz kaum zu überbieten. In einem Interview sagte Wenger: »Es bringt nichts, die Schwächen zu analysieren und zu korrigieren, sondern man muss die Spieler so einsetzen, dass ihre Talente glänzen.«

Analog ist es sinnlos, Spieler *gegen* ihre Talente einzusetzen. Als Johan Cruyff in Barcelona seinen Star Gary Lineker aus dem

Mittelfeld verbannte, war klar, dass das nicht lange gut gehen würde. Oder Ruud Gullit, den Arrigo Sacchi beim AC Mailand außen positionierte. Auch David Beckham, der bei Manchester gegen seinen Willen ins rechte Halbfeld geschoben wurde. Das konnte nicht funktionieren. Und wenn ein Trainer sagt: »Ballack hat heute toll gekämpft« (beim Spiel Deutschland gegen Belgien im März 2004), dann ist das irreführend. Kampf kann man auch von anderen haben. Michael Ballack muss vorrangig das tun, was er am besten kann, wo er am stärksten ist – und das sind Kopfbälle und sein Talent, Stürmer einzusetzen. Gerade der Fall Michael Ballack ist bezeichnend. Als ihn Bayern München 2006 zu Chelsea ziehen ließ, hielten viele den Verlust für verschmerzbar – Ballack war als Einzelspieler nie völlig unumstritten gewesen. Was man übersah, war, dass er seine Mitspieler jeweils um 10 Prozent besser machte. Er setzte sie hervorragend ein, ließ sie in ihren Stärken zur Geltung kommen, ermutigte, kritisierte, trieb an. Seine Wirksamkeit war *indirekt*, auf die anderen Spieler ausgerichtet. Fiel er weg, wurden die »Hinterbliebenen« um genau jene 10 Prozent schlechter, die die Bayern letztlich die Meisterschaft kostete. Das ist der Unterschied: Die blendende Aktion des großen Einzelspielers ist auch ohne tiefere Kenntnis beobachtbar; bei dem, der das Beste in *anderen* Spielern fördert, muss man genau hinsehen. Dieses gute Auge für Talente haben nur Führungskräfte, die Menschen mögen.

Gute Spieler sind *passende* Spieler. »Kugelblitz« Ailton passte wunderbar in das Gefüge von Bremen, wurde dort Meister und Pokalsieger – und war danach eine Fehlbesetzung in Schalke, Hamburg, Istanbul, Belgrad und Duisburg. War es immer derselbe? Ja, aber sein Umfeld nicht. Es gibt viele Spieler, die unbeachtet bleiben, aber sich in einem anderen Umfeld positiv entwickeln.

Wie aber können Sie wissen, wie und wo jemand eingesetzt werden möchte? Der größte Fehler ist dabei, sich selbst zum Maßstab zu machen, nach der Regel: »Führe so, wie Du selbst geführt werden möchtest!« Damit werden Sie dem anderen in seiner Andersartigkeit nie gerecht. Besser ist: Fragen Sie! Bringen Sie den Mitarbeiter in die Verantwortung für sein eigenes Wohlbefinden. Jeder weiß selbst am besten, was gut für ihn ist.

Ich möchte es noch zuspitzen: Es gibt keine schlechten Mitarbeiter; es gibt nur Mitarbeiter, die an der falschen Stelle sitzen. Die Herausforderung für Führung ist es nicht, Menschen zu perfektionieren, sondern ihre Stärken zur Geltung kommen zu lassen. Dazu müssen Sie dem, was von innen kommt, einfach nur folgen.

Wenn Sie zum Beispiel spüren, dass ein Mitarbeiter hochanalytisch und überkritisch ist, immer die Löcher im Käse sieht, dann ist es ziemlich sinnlos, ihn ständig damit zu konfrontieren. Er ist nun einmal so. Ist das schlecht? Nein, es kann nur in gewissen Situationen nachteilig sein. Aber dann definiert die Situation, was gut und was schlecht ist. Nicht der Mitarbeiter. Für ihn ist es natürlich und dauerhaft.

Wenn Sie sehen, dass jemand hochkompetetiv ist, das ganze Leben nur aus besser-schneller-höher-weiter besteht, wenn er voller Überbietungsenergie steckt, dann ist es vergebliche Liebesmüh, ihm das vorzuwerfen und Teamgeist einzuklagen. Er ist nun einmal so. Ist das schlecht? Für ihn ist es natürlich und dauerhaft. Intelligenter ist es doch, diesen Menschen entsprechend seiner Prägung einzusetzen, so, dass seine Eigenart eine Stärke und er *dadurch* erfolgreich ist.

Es ist auch sinnlos, einen scheuen Mitarbeiter bei einer Preisverleihung öffentlich auszustellen. Einen genauigkeitsfanatischen Controller sollte man nicht mit Kreativitätsinitiativen nerven. Den, der sich falsch eingesetzt fühlt, sollte man nicht darüber aufklären, wie wichtig seine Verbesserungsvorschläge für den Fortbestand des Unternehmens sind. Und wer einen Vorgesetzten aus der Abteilung »Jäger und Fallensteller« hat, dem sollte man nicht mitteilen, dass er gerade Mitglied einer »Lernenden Organisation« geworden ist.

Finden Sie heraus, was bei jeder Person das Besondere und das Einzigartige ist. Ermutigen Sie Menschen, Verantwortung für das zu übernehmen, was sie wirklich sind. Und helfen Sie jeder Person, die für sie passende Aufgabe zu finden. Das ist gelebter, aktiver Respekt vor der Individualität des Einzelnen.

Der Kampf um Talente spielt sich mehr und mehr im eigenen Unternehmen ab. Wir haben in vielen Unternehmen einen Hang zur Talentverschwendung. Viele Protagonisten der neuen Wirtschaftsintelligenz sind längst im Unternehmen. Sie warten nur auf ihre Entdeckung.

Es gibt keine schwachen Mitarbeiter, nur falsch eingesetzte.

Jeder Mensch hat etwas Außergewöhnliches, das unter ganz bestimmten Umständen zur Geltung kommen kann. Das gilt es herauszufinden. Wenn Sie also als Führungskraft die Talente Ihrer Mitarbeiter in Leistung überführen wollen, dann hat die Entscheidung über deren Einsatz höchste Priorität.

Dann ist die richtige Person am richtigen Platz. Achten Sie weiter darauf, dass der Arbeitsinhalt Fähigkeiten vom Mitarbeiter fordert, die er besitzt und für wichtig erachtet. Erfolgserlebnisse sind bei solchen Aufgaben möglich, die weder über- noch unterfordern, sondern herausfordern. Nur dann erreichen Sie mit ganz normalen Menschen überdurchschnittliche Ergebnisse. Durch die Wahl der richtigen Aufgabe können Sie auch Mitarbeitern mit geringer Leistung helfen, eine Kurskorrektur vorzunehmen. Schon manche interne Versetzung hat neu beflügelt. Und nicht selten sind Menschen in Kleider hineingewachsen, die andere ihnen geschneidert haben. Wenn Sie die Voraussetzung für motivierte Eigenleistung verbessern wollen, dann gehört dazu vor allem das unterstützende Gespräch mit jemandem, der sich seiner Stärken, seines Wissens und Könnens unsicher ist. Hier sollten Sie Hilfen zu realistischer Selbsteinschätzung anbieten.

Mir kommt beim Nachdenken über Führung das Bild eines guten Gastgebers auf einem Fest in den Sinn: Jemand, der unauffällig dafür sorgt, dass alles gut läuft und ineinander spielt, der sich um die vielen kleinen Dinge kümmert, die das Fest zu einem Erfolg machen; aufmerksam ist für das, was sich zwischen den Gästen entwickelt, jenen einbezieht, der bisher unbeachtet am Rande stand, schwierige Beziehungen charmant überbrückt und der vor allem dafür sorgt, dass jeder in seiner besten Rolle zur Geltung kommt.

Das Ziel der Mitarbeiter-Führung: Eine heterogene Gruppe talentierter Spieler zu einer Einheit zu formen und für das Erreichen eines gemeinsamen Ziels zu gewinnen. Dafür müssen Sie die Spieler so einsetzen, dass ihre Eigenschaften als Stärken wirksam werden und die damit verbundenen Schwächen nicht ins Gewicht fallen. Damit wird der Boss zum Team-Chef ... vielleicht idealerweise verkörpert von Thomas Schaaf oder von Ottmar Hitzfeld, beide Meister des Verfügbaren. Sie schauen nicht auf das, was fehlt, sondern nutzen das, was da ist und setzen es klug ein.

Eine Fußballmannschaft ist also ein anschauliches Modell, wie es Führungskräfte schaffen, aus üblicherweise international rekrutierten Spitzenleuten ein Unternehmen zu formen. Mit einem Unterschied: Bei der Mannschaftsaufstellung reden nicht jeden Samstag 40000 mit. Und wenn doch, können Sie sich bei Real Madrid zwischen 2002 und 2007 anschauen, wie das ausgeht.

Gute Manager wissen, wann sie gehen müssen

Die kürzeste Karriere in der deutschen Nationalmannschaft machte der Stuttgarter Bernd Martin: Er durfte in nur einem Spiel die letzten drei Minuten spielen. So kurz ist die Verweildauer von Trainern nicht. Aber sie sinkt.

Auf die Frage nach seinem Ziel als Trainer antwortet der ehemalige Leverkusener Trainer Klaus Augenthaler: »In langen Phasen zu denken, das ist schwierig im Fußballgeschäft. Du musst in dieser Branche für die Gegenwart leben und immer den Plan für morgen haben, nicht für übermorgen.« Deutlicher noch wird der 2004 entlassene und 2007 reaktivierte Bayern-Trainer Ottmar Hitzfeld: »Früher musste man als Trainer das nächste Vierteljahr überstehen, heute die nächsten vier Wochen.«

Im Vergleich zum Fußball geht es in der Wirtschaft fast noch gemächlich zu. Dennoch verkürzen sich auch in der Wirtschaft die Amtszeiten des Führungspersonals dramatisch. Auf deutschen Vorstandsetagen fallen nicht mehr automatisch Sauerstoffmasken aus der Kabinendecke, wenn jemandem die Puste ausgeht. Zwischen 1998 und 2004 hat sich die Zahl der vorzeitigen Vertragsauflösungen von Vorstandsvorsitzenden pro Jahr verdoppelt. Nach einer Studie der Beratungsfirma Booz Allen Hamilton wurde 2006 weltweit jeder dritte Vorstandsvorsitzende ausgetauscht; in Deutschland jeder zweite. Im Schnitt mussten sie nach zweieinhalb Jahren ihre Stühle räumen. Der Job eines Vorstandsvorsitzenden ist daher längst nicht mehr die Krönung einer Karriere, sondern Durchgangsstation. In den USA sind 2007 die Abgänge auf Vorstandsvorsitzenden-Posten um 12 Prozent gegenüber dem Vorjahr gestiegen. Fast die Hälfte aller Wechsel insgesamt war ungeplant. Der Vorstandssprecher der Deutschen Bank, Josef Ackermann, beurteilt dies so: »Die durchschnittliche Amtszeit von Vorstandsvorsitzenden ist kürzer geworden. Das ist nichts Schlechtes. Im Fußball werden Sie auch ausgewechselt, wenn Sie keine Tore mehr schießen.«

Fast wöchentlich finden sich Beispiele für eine neue Nüchternheit, eine neue Konsequenz, ja Rigidität in den Kontrollgremien. Ignoriert man einige Gegenbeispiele, denen die Schutzgemeinschaft barmherziger Brüder noch immer die Stange hält, so agieren Aufsichtsräte neuerdings überraschend selbstbewusst. Kritisiert, gereizt und durch Placebo-Regelwerke aufgeschreckt, verweisen sie auf ausbleibenden Erfolg und werfen Spitzenkräfte schneller hinaus als früher.

Bleibt dennoch die Frage: *Woran* sind sie gescheitert? Die Konjunktur ist zu vernachlässigen. Der Markt ist ja auch nicht schuld, wenn die Gewinne in den Himmel schießen – das reklamieren die Manager schließlich ebenso für sich. Nein, hier muss man genauer hinsehen: Waren das schwache Führungskräfte? Waren es die falschen?

Mit Handbuchweisheiten um sich zu werfen, ist ebenso wenig hilfreich wie gedankenvoll nickend Eignungsurteile über »geborene Führungspersönlichkeiten« auszutauschen. Klüger ist es, auf die Beziehungen zu blicken, in denen Menschen wirklich Führungs*kräfte* werden. Betrachtet man mithin den Kontext, in dem Führung stattfindet, die konkreten Menschen, den konkreten Markt, die spezifische Unternehmenskultur, die historische Situation, in der das Unternehmen verwurzelt ist, dann wird klar: Niemand ist immer und unter allen Umständen eine gute Führungskraft. Eine Führungskraft mag auf einem Aufbaumarkt brillieren; auf einem Abschöpfungsmarkt ist sie fehlbesetzt. Sie mag in einer streng hierarchischen Unternehmenskultur genau richtig sein, in einer Projektorganisation ist sie ein Fremd-

Niemand ist immer und unter allen Umständen eine gute Führungskraft.

körper. Sie kann vielleicht eine bestimmte Gruppe von Mitarbeitern hinter sich bringen, bei einer anderen aber scheitern.

Niemand von uns ist in jeder Situation gleich gut. Im Regelfall sind wir geeignet für *bestimmte* Gelegenheiten. Das hat zur Konsequenz, dass wir nur für eine definierte Zeitspanne richtig wirkungsvoll sind, man denke an die Elf von Manchester United, die 1999 das *Treble* schaffte. Ihre Triumphachse – Keane, Scholes, Giggs und die Brüder Neville – wurde seitdem nicht jünger. Die Versuche, Eric Cantona durch van Nistelrooy zu ersetzen und David Beckham durch Cristiano Ronaldo – es war ein Kurieren an Symptomen. Denn der Fisch stank vom Kopf her. Der zum Ritter geschlagene Sir Alex Ferguson war unantastbar. Er wollte zwar mit 60 aufhören, aber auch 2007 – im Alter von 66 Jahren – hat der erfolgreichste Vereinstrainer der Welt kein Konzept für die Zeit nach den Erfolgen entwickelt. Und sein Bonus von neun Meistertiteln, fünf Pokalsiegen und zwei Europapokal-Erfolgen zehrt sich nach über 20 Saisons bei Manchester United langsam auf.

Jeder Trainer weiß, dass er letztlich scheitert. Er wird seinen Job mit einem Misserfolg beenden. Mag er noch so klug arbeiten, er kann den Moment nur hinauszögern, an dem die Niederlagen sich häufen, die Spieler ihres Trainers überdrüssig sind, die Fans »Trainer raus!« skandieren, die Presse den Abschied fordert und der Vorstand dem öffentlichen Druck nachgibt. Aber muss eine Führungskraft immer *warten*, bis sie entlassen wird? Sollten Sie sich nicht selbst aktiv aus dem Spiel nehmen, bevor Sie auf die Abschussliste kommen? Was ist mit Ihrer Selbstachtung? Sie sehen doch, wenn die Resultate nicht in Ordnung sind. Sie spüren doch, wenn die Mitarbeiter nicht mehr hinter Ihnen stehen. Sie sehen doch, dass sich Ihre Auswechselspieler schon lange an der Seitenauslinie warm laufen.

Immer wieder ist zu beobachten, wie Trainer (und auch Führungsspieler) sich an ihre Position klammern, obwohl sie eigentlich niemand mehr will. Sie hoffen und machen sich abhängig von einem einzigen Treffer, einem einzigen Sieg, der ihre Welt wieder heilen könnte.

Sportlerkarrieren führen uns das Leben im Schnelldurchlauf vor: Auf dem Höhepunkt auszusteigen, ist kaum möglich; zu früh die Karriere zu beenden hinterlässt das Gefühl, es sei noch mehr drin gewesen. Also bleibt es – sehr oft – beim »zu spät«. Die allermeisten Führungskräfte müssen ihren Job unter würdelosen Umständen verlassen, was in der Erinnerung oft ihren gesamten beruflichen Lebensweg überschattet. Mir sind nur sehr wenige Fälle bekannt, bei denen ein Trainer sich retten konnte, nachdem schon über seine Ablösung diskutiert wurde.

Meistertrainer Armin Veh machte es anders: Sein Vertrag beim VfB Stuttgart galt nur für ein Jahr – weil er selbst es so wollte: »Der langfristige Aufbau eines Teams lässt sich in der Bundesliga nicht verwirklichen, und ich werde dann weiterziehen, denn du hast eben kein unbegrenztes Repertoire.« Der Brasilianer Vanderlei Luxemburgo wurde als Trainer fünf Mal brasilianischer Meister, obwohl er nach spätestens 22 Monaten seine Zeit für gekommen hielt. Oder war er gerade deshalb erfolgreich?

Überraschend offensiv ging Bernd Schuster mit dem Thema Entlassung um: Er war gerade zum Trainer von Real Madrid gekürt worden und sagte in seinen ersten Interviews, dass Trainer von Real zwar ein Traumjob sei, aber auch eine Übergangssituation, dass es auch ein Leben nach Real gebe. In dieser Klarheit und zu diesem frühen Zeitpunkt waren solche Aussagen überraschend. Aber Schuster führte lediglich das fort, was er in Getafe so überaus erfolgreich angefangen hat: Jedes Jahr eine fast neue Mannschaft, ein Leben auf Probe.

Irgendwann erreicht jeder sein Verfallsdatum. Gute Führungskräfte wissen, wann sie gehen müssen. Wer über sein Verfallsdatum hinaus bleiben will, vergeht sich an der Zukunft des Unternehmens: Viel wichtige Arbeit bleibt ungetan. Und er vergeht sich an seiner Würde. Natürlich vergessen wir nie, dass Fußball nur ein Spiel ist. Aber auch Wirtschaft ist nur ein Spiel. Ein Spiel, das für den Einzelnen auch einmal zu Ende geht. Sich daran zu erinnern, ist manchmal hilfreich.

Mannschaft

Hochleistungsteams – vom Miteinander zum Füreinander

Traditionelle Teams wollen Kundenerwartungen erfüllen. Spitzenteams wollen mehr. Sie fordern ihre Kunden heraus, wollen die Erwartungen der Kunden prägen. Es geht ihnen darum, die Kunden zu überraschen, ihren Geschmack und die Erwartungen zu heben, etwas wirklich »Neues« in die Welt zu setzen. Ein Hochleistungsteam ist deshalb eine kleine Gruppe von Leuten, die einen gemeinsamen, eng definierten Zweck verfolgen und die sich ergänzende Fähigkeiten haben. Die Teammitglieder *helfen* sich gegenseitig, um ein gemeinsames Ziel zu erreichen. Und dieses gemeinsame Ziel ist ehrgeizig. Hochleistungsteams gehen also über die übliche Zusammenarbeit hinaus, müssen mehr als nur *miteinander* arbeiten. Wenn Sie wirklich extrem erfolgreich sein wollen, dann müssen Sie *füreinander* arbeiten. Wie sich das anfühlt? So, dass Ihnen egal ist, wer die Lorbeeren erntet.

Halbfinale der Champions League 1999, Manchester United gegen Juventus Turin: Roy Keane bekam schon in der ersten Hälfte eine Gelbe Karte und wusste nun, dass er im Endspiel nicht dabei sein würde, wenn ManU das Spiel gewänne. Trotz der Enttäuschung, das wohl wichtigste Spiel seiner Karriere zu verpassen, trieb er die Mannschaft voran. Sein Trainer Alex Ferguson sagte später: »In der Minute, in der Keane aus dem Finale war, schien es, als verdoppelte er seine Anstrengungen, sein Team dahin zu bringen. Er zeigte die Sorge um das Wohl anderer Leute, was besondere Menschen auszeichnet.« Es dürfte in der Fußballgeschichte nicht oft vorkommen, dass der gegnerische Trainer beim Einlaufen ins Stadion mehr Applaus bekommt als die gesamte eigene Heimmannschaft – so geschah es dem heutigen Sunderland-Trainer Roy Keane in ManU's Old Trafford.

Wie kommen Sie an »besondere Menschen«, die sich »um das Wohl anderer Leute« sorgen, die mehr wollen und können als das *Miteinander*, die zum *Füreinander* kommen – dem Kern von Hochleistungsteams? Den Mythos der elf Freunde, die einfach auf natürliche Weise Spaß haben, etwas zusammen zu tun und insofern eine solidarische Gemeinschaft bilden, gibt es heute vielleicht noch bei einigen Thekenmannschaften, aber nicht einmal mehr beim allseits beliebten SC Freiburg.

Zunächst gilt: Ehrgeizige Ziele erfordern eine erstklassige Mannschaft – und ich meine *wirklich* erstklassig. Wenn Sie eine großartige Leistung erhalten wollen, müssen Sie mit großartigen Leuten beginnen, die wirklich die führenden Experten ihrer Disziplinen sind. Das heißt, mit Leuten, die besser sind als Sie! Das ist schon schwer genug, denn es kratzt am eigenen Ego. Trotzdem, zögern Sie nicht, die Besten zu bekommen.

Eine Sammlung von Spitzenleuten macht aber noch keine Spitzenmannschaft. Real Madrid war seit 2002 Beispiel dafür: keine Mannschaft, sondern eine lose Ansammlung von Einzelkönnern. Sowohl bei den Trainern (kaum einer blieb länger als ein Jahr), als auch bei den Spielern, von denen manche – Zidane, Raúl, Roberto Carlos – über ihren Zenit hinaus waren und andere – Beckham, Robinho – falsch eingesetzt wurden.

Spitzenleute sind häufig elitär, egozentrisch und schwierig. Und sie bekämpfen sich oft wie Hund und Katze. Schon allein der Gedanke, eine solche Gruppe zu steuern, verursacht Magenschmerzen und veranlasst Unternehmen oft, Teams mit Leuten zu besetzen, die nur gut miteinander auskommen – und mittelmäßige Ergebnisse liefern. Wie also kriegt man exzellente Menschen dazu, wirklich füreinander zu arbeiten?

Grundsätzlich gilt: Sie müssen sie auf das gemeinsame Projekt, Ziel, Produkt *einschwören*. Sie müssen es *besonders* machen. Es zum

Ereignis machen. Warum gibt es uns in dieser Konstellation? Was ist unsere Existenzberechtigung? Warum können nur wir das Ziel erreichen? Es muss klar sein, dass das Scheitern des Teams dem persönlichen Scheitern gleich kommt.

Zweitens müssen Sie dafür sorgen, dass die Teammitglieder einander brauchen. Wirklich *brauchen* im Wortsinne. Dass allen klar ist: Ohne den anderen geht es nicht. Dass für das Ergebnis der Gruppe keiner ersetzbar ist. Unter den Bedingungen des »Brauchens« sind Spitzenleute bereit, auch mit persönlichen Widersachern zusammenzuarbeiten. Norbert Meier, der 2005 den MSV Duisburg trainierte und mit ihm nach längerer Durststrecke wieder einige Siege feiern konnte, sagte damals: »Man hat gesehen, was möglich ist, wenn jeder bereit ist, dem anderen zu helfen.« Dann kommt die Kraft aus dem Füreinander.

Eine Sammlung von Spitzenleuten macht noch keine Mannschaft.

Drittens müssen Sie diese Leute bei Entscheidungen einbeziehen. Spitzenleute wollen nicht nur Tun, sie wollen auch Denken. Ja, das Denken ist oft noch wichtiger als das Tun. Sie müssen sie in ihrem Ego würdigen, nicht das Ego zu brechen versuchen. Sondern das Individuelle so betonen, dass jeder Einzelne das Gefühl hat, sein Bestes beitragen zu können. Führen Sie Gespräche häufig und persönlich. Ein Austausch über gelegentliche Treffen, per E-Mail oder per Telefon, kann das nicht leisten. Zeigen Sie den Respekt, den sie erwarten. Keinesfalls dürfen Sie hoch ausgebildete, unabhängige Menschen in ihrer Ausdruckskraft einschränken. Sie müssen ihren Fähigkeiten und Erfahrungen vertrauen. Vertrauen ist hier noch wichtiger als in durchschnittlichen Teams. Das stachelt den Ehrgeiz der Spitzenleute an.

Setzen Sie – viertens – Spitzenleute unter Zeitdruck. Spitzenteams sind nicht von Dauer, sie fallen auseinander, wenn das Ziel erreicht ist. Also setzen Sie für die Aufgabe einen engen, aber möglichen Zeithorizont. Persönliche Animositäten entfalten sich oft erst in längeren Zeiträumen. Zeitdruck verhindert, dass Spitzenleute sich mit sich selbst beschäftigen. Fürsorgepflicht ist hier weder nötig noch angemessen. Also: Verträge mit kurzen Laufzeiten, nur für eine Saison. So wie es Bernd Schuster in Getafe machte: Er sagte jedem Spieler zu Beginn einer Saison, dass man aller Wahrscheinlichkeit nach nur diese eine Saison Zeit hat, sich zu empfehlen.

Sorgen Sie – fünftens – für räumliche Nähe. Es gibt kein Spitzenteam, das virtuell über den gesamten Erdball verteilt an einem Projekt arbeitet. Lassen Sie Ihr Team eng zusammenarbeiten – schirmen Sie sich gegen außen ab. Lassen Sie niemanden herein in den engeren Zirkel. Die Zimmergenossenschaften beim Fußball werden ja nicht gebildet, weil man sich keine Einzelzimmer leisten könnte. Der Trainer Giovanni Trapattoni: »Wir leben zusammen, wir müssen den Charakter unserer Kollegen verstehen. Wenn du den Kollegen verstehst, die Situation, dann holst du einen Punkt mehr in der Saison. Und das kann entscheidend für die Meisterschaft sein.« Es geht darum, mit einem anderen Mitglied des Teams in Kontakt zu bleiben. Nicht zufällig teilt sich die Doppelführung der erfolgreichen Werbeagentur Jung von Matt, Holger Jung und Jean-Remy von Matt, unterwegs stets ein Doppelzimmer.

Und sechstens: Sind Sie selbst der richtige Leiter für ein Hochleistungsteam? Sie müssen geschickter und einfühlsamer sein als durchschnittliche Führungskräfte. Sie müssen einen Sack Flöhe hüten. Sie müssen sich von Einheitslösungen verabschieden. Sie können nicht alle im Namen irgendeiner »Gerechtigkeit« über einen Kamm scheren. Spitzenleute brauchen nicht »Ruhe und Frieden«, sie müssen sich nicht mögen, sie anerkennen das Elitäre des anderen. Sie müssen egozentrische Gruppenmitglieder mithin auch nicht zu Wohlverhalten anhalten – das kann das Erreichen Ihres Ziels eher gefährden.

Im heutigen Fußball sind die talentiertesten Spieler oft sehr eigenwillig, hoch individualisiert. Bekannt ist, wie Alex Ferguson den schwierigen Franzosen Eric Cantona – von dem man sagte, er könne auch in einer völlig leeren Telefonzelle einen Streit anfangen – bei Manchester United so einband, dass er mit ihm zusammen 1999 das *treble* schaffte. Dabei differenzierte er sehr subtil zwischen verschiedenen »Extrawürsten«, die sich Cantona erbat oder gar herausnahm. Ferguson beschreibt in seiner Biographie seine Leitlinie: »Ich tolerierte jeden Individualismus, der *für* das Team wirkte und unterband alles, was *gegen* das Team sprach.« Checklisten und Handbuchkenntnisse lassen Sie deshalb lieber beiseite, denn mit Standards verengen Sie die Verantwortung zur Sorgfaltspflicht. Und dafür haben Sie diese Leute nicht eingestellt.

Als Führungskraft eines Hochleistungsteams begrüßen Sie den Zweifel, das Widersprüchliche. Sie erleben das Individuelle nicht als Bedrohung, Sie schätzen selbstverantwortliche Menschen und kommunizieren auf Augenhöhe. Es ist anspruchsvolle Führung, anspruchsvoll im doppelten Wortsinn: die hohe Ansprüche an Mitarbeiter stellt und an sich selbst; Führung, die in die Verantwortung geht. Deshalb verzichtet sie weitgehend auf Führungsinstrumente. Nur Leiter konventioneller Teams tun das, was alle tun – und bleiben durchschnittlich.

Unter diesen Bedingungen kann ein Miteinander zum Füreinander werden. Karl-Heinz Rummenigge sagte zum Erfolg des Bayern-Führungstrios Beckenbauer, Hoeneß und Rummenigge: »Das Erfolgsrezept ist, dass wir zu 100 Prozent loyal zueinander stehen und null Prozent für interne Gefechte verwenden müssen. ... Auf dem Platz waren wir füreinander da, und diese Erfahrung ist jetzt, in der zweiten Karriere, sehr hilfreich.« Aus dem Miteinander zum Füreinander zu kommen, das macht den Unterschied. Vielleicht kein Modell für lange Meisterschaften, aber schon mal für englische Wochen.

Personalauswahl ist alles

Was wir von PISA gelernt haben: Der Anfang ist das Entscheidende. Das gilt auch für den Erfolg von Unternehmen – er steht und fällt mit der Auswahl der richtigen Mitarbeiter. Es ist klug, Zeit und Geld in die Rekrutierung zu investieren, statt hinterher in eine leer laufende Reparaturintelligenz. Kurzum: Personalauswahl ist die wichtigste Managemententscheidung überhaupt; keine Entscheidung hat langfristig einen so hohen Wirkungsgrad.

Das weiß im Grunde jeder. Es gibt aber nur wenige erfolgsrelevante Aufgaben im Unternehmen, die derart unprofessionell gehandhabt werden. Nimmt man als Indikator die Zeit, die Manager bereit sind, sich für Auswahlverfahren zur Verfügung zu stellen, dann wird die real existierende Nachrangigkeit überdeutlich. Denn sie tun nicht, was sie eigentlich tun müssten.

Wie man es richtig macht, das zeigt seit Jahren die Bremer Doppelspitze mit Manager Klaus Allofs und Trainer Thomas Schaaf, die in der Bundesliga ihresgleichen sucht. Eindrucksvoll ziehen sie einen Volltreffer nach dem anderen aus dem Transfertopf: Krisztian Lisztes kam als Bankdrücker aus Stuttgart, Ivan Klasnic aus St. Paulis Reserve in der vierten Liga, Andreas Reinke fanden sie in der spanischen Einöde Murcia, Kapitän Frank Baumann beim Absteiger Nürnberg, Fabian Ernst beim HSV, wo man den heutigen Nationalspieler längst abgeschrieben hatte, ebenso Ailton, Klose, Diego. Über viele Jahre beobachten sie die Spieler und lassen sich in ihrem Urteil offenbar weder von Tagesform noch von Kritikern beeindrucken. Um ein Personalpuzzle derart präzise zusammensetzen zu können, brauche man laut Thomas Schaaf »viel Wissen und Information, gute Kontakte und ein ausgeprägtes Erinnerungsvermögen.«

Aber wen sucht man? Nach welchem Kriterium hält man Ausschau? Arsène Wenger sagt dazu folgendes: »Das Geheimnis ist der richtige Zeitpunkt. Jeder Spieler hat diesen Zeitpunkt, an dem er wertvoller ist als er kostet. Kaufst du später, ist der Preis meist höher als der Wert. Deshalb suchen wir das ungeschliffene Talent, sowohl jung wie alt. Wenn sie hungrig sind zu lernen, bringen wir sie hoch.« In der Szene ist Arsène Wenger nicht zuletzt dafür bekannt, dass er immer der Versuchung widerstand, kurz vor Transferschluss »Notnägel« einzukaufen – woran sich so manche Führungskraft ein Beispiel nehmen sollte, die mangels besserer Alternativen einen unpassenden Bewerber einstellt.

Ganz anders bei Real Madrid. Da verpflichtet die Klub-Führung die Spieler, nicht der Trainer. Man ist der Meinung, ein Spieler müsse der »Größe« dienen, einer »Idee« verpflichtet sein. Aufgabe des Trainers sei lediglich, die Leute zu trainieren, nicht am Mythos zu stricken, so Reals Vizepräsident Emilio Butragueno. Die Einkaufspolitik Real Madrid gleicht deshalb einem hektischen Grapschen an den Wühltischen des Transfermarktes. So rieb sich Präsident Florentino Pérez im Sommer 2004 die Hände, weil er dem FC Barcelona David Beckham weggeschnappt hatte. Barca verpflichtete ersatzweise den Brasilianer Ronaldinho. Seitdem hatte Madrid einen schönen Spieler und Barca einen erfolgreichen Spieler.

Das Grundproblem der Personalauswahl ist: Erfolgreiche Spieler waren immer unter *bestimmten* Umständen erfolgreich. Es ist daher keineswegs sicher, nicht einmal wahrscheinlich, dass sie unter veränderten Umständen in gleicher Weise reüssieren. Wichtiger ist deshalb in den letzten Jahren ein anderes Kriterium geworden – die Passung. Heute fragt man: Passt ein Spieler in die Mannschaft, insbesondere zu seinen engsten Mitspielern? Passt er auch zur Führungskraft?

Zunächst müssen Spieler *sportlich-spielerisch* passen. Dabei sind

Ballfertigkeit und taktisches Verhalten wichtig. Kann der Verteidiger auch das Spiel aufbauen, ja mitstürmen? Füllt der Mann im Mittelfeld im richtigen Moment die Lücken in der Abwehr? Schaltet der Stürmer bei Ballverlust sofort auf Defensivarbeit um? Es müssen nicht die Besten sein, es müssen die Richtigen sein.

Gerade der FC Bayern München hat das Passungsproblem häufig missachtet. Er holte oft Spieler, die in den Partien gegen sie besonders auffällig waren – ungeachtet, ob sie zur Mannschaft passten. Klaus Wunder, in den 70er Jahren mit dem MSV Duisburg oft ein Bayern-Schreck, schoss als Bayern-Spieler nur sieben Tore in 43 Partien. Der Nationalspieler Kalle Del'Haye begeisterte in Mönchengladbach mit seinen fulminanten Flügelläufen – als Bayern-Spieler wurde er ausgehungert, weil man dort nicht über die Flügel spielen wollte. Andreas Herzog, in Bremen gehätschelt, war für den Münchener Konkurrenzkampf zu sensibel. Das letzte größere Missverständnis war Nationalspieler Torsten Frings, den man 2004 aus Dortmund geholt hatte. Er kam mit der ganzen Kultur der Bayern nicht zurecht und spielte schon ein Jahr später wieder bei Bremen.

Wichtiger noch als die spielerische Passung aber scheint die *charakterliche* zu sein – da sind sich alle Experten einig, auch Jürgen Klopp handelt danach: »Ich schaue ganz besonders auf den Charakter meiner Spieler, wenn ich sie in mein Team hole. Ich überlege lange, ob jemand passt, und habe deshalb schon richtig gute Fußballer nicht genommen.«

Die Auswahl von Bewerbern ist auch die Kernfunktion jedes Unternehmens. Dabei ist nicht nur zu fragen: Passt der Bewerber zum Unternehmen? Sondern auch: Passt das Unternehmen zum Bewerber? Ein Beispiel: Viele glauben, ein Verkäufer ist ein Verkäufer, und sein Job ist es, zu verkaufen. Eine solche Auffassung ist mit Blick auf die Personalauswahl irrig. Nehmen wir einmal an, Sie wollen Verkäufer werden in einem Unternehmen, dass ausgesprochen tief strukturiert ist. Es gibt unendlich viele Policies, Richtlinien und Organisationsgrenzen. Als Verkäufer werden Sie erst einmal auf ein mehrwöchiges Grundtraining geschickt, erst dann werden

Sie auf die Kunden losgelassen. Nehmen wir zum Vergleich an, dass Sie in einem Unternehmen Verkäufer werden wollen, das auf Selbstorganisation setzt. Ihnen wird gesagt: »Hier ist ein Telefon, dort ist ein Telefonbuch, in einem Jahr erwarten wir 1 Million Umsatz. Viel Glück!« Glauben Sie, Sie sind in beiden Unternehmen gleich erfolgreich? Obwohl der Job-Titel derselbe, das Ziel auch dasselbe ist, kann zum Beispiel Ihr Wunsch nach Unabhängigkeit in dem einen Unternehmen eine Stärke sein, während Sie in dem anderen davon in die Resignation getrieben werden. Falls Ihre Stärke geordnetes Arbeiten in einem weitgehend regulierten Umfeld ist, werden Sie unter Umständen in dem einen Unternehmen sehr erfolgreich sein, in dem anderen scheitern. Dabei ist weder die eine noch die andere Vorgehensweise unbedingt die erfolgsträchtigere.

Nimmt man dies nüchtern zur Kenntnis, dann lässt sich ein Fehler vermeiden, der sich lautmalerisch besser auf Englisch zusammenfassen lässt: »Hired by ability, fired by personality.« In der Unternehmenspraxis wird leider oft vergessen, dass es nicht reicht, Teamstrukturen zu beschließen, Projektteams einzurichten und Aufgaben zu verteilen.

Die Auswahlmethoden konzentrieren sich deshalb zu einseitig auf Sachkenntnisse, Techniken, Fertigkeiten – und ignorieren beharrlich die langfristig alles tragende Voraussetzung für hohe Leistung: die inneren Einstellungen des Bewerbers, seine Prägungen, Rollenbilder, Sensibilitäten, anthropologischen Grundannahmen. Vor allem aber seine Fähigkeit zur Zusammenarbeit. Das alles ist schwer genug zu prüfen – was die Notwendigkeit nur noch erhöht, hier seriös und professionell vorzugehen.

Hired by ability, fired by personality.

Ob ein Mitarbeiter in diesem Sinne »passt«, das kann man kaum in zwei oder drei Interviews oder auch einem Assessment Center herausbekommen. Das wichtigste personaldiagnostische Werkzeug wird aber praktisch nicht genutzt – die *Probezeit*. Erst *nach* der Probezeit wird der Mitarbeiter tatsächlich eingestellt! Es gibt aber kaum einen Manager, der die Probezeit eines neuen Mitarbeiters gewissenhaft plant, begleitet und auswertet. Hat der Mitarbeiter erst einmal angefangen, dann geht man davon aus, dass er schon irgendwie passt, sich vernünftig einarbeitet. Und dann ist das Ende der Probezeit da, das wird kaum noch wahrgenommen, »in so kurzer Zeit« könne man ohnehin kaum Aussagen machen, fast ist man überrascht, wie doch die Zeit vergeht! Und schon ist der neue Mitarbeiter festangestellt. Dabei gibt es keine Methode, die der Probezeit an Prognosegenauigkeit überlegen wäre – wenn man sie seriös handhabt.

Welches methodische Vorgehen Sie auch immer bevorzugen, wie viel Zeit und Sorgfalt Sie auch investieren: Über den Erfolg eines Auswahlverfahrens entscheidet natürlich auch die Struktur des Bewerberpools. Wer zieht unser Unternehmen anderen vor? Wer nennt mit Stolz den Namen des Unternehmens, in dem er arbeiten will? Wer ist vom Ruf des Unternehmens so angezogen, dass er sich vielleicht sogar blind bewirbt? Die Besten? Die Mittelmäßigen? Die Übriggebliebenen? Wir wissen doch: Gute Leute ziehen gute Leute an.

Wie schaffen Sie es also, einen qualitativ höherwertigen Bewerberpool zu bekommen, als Ihrem Wettbewerber zur Verfügung steht? Ob und wer sich bewirbt – über die Struktur des Bewerberpools wiederum entscheidet heute das umgebende Meinungsklima. Und dabei geht es nicht um das äußerliche Image, das man mit Werbekampagnen zu erzeugen versucht. Die eigenen Mitarbeiter sind die besten Werbeträger. Ein Personalauswahlverfahren steht immer dann unter einem guten Stern, wenn die eigenen Mitarbeiter dem Bewerber das Unternehmen empfohlen haben. Wann und unter welchen Bedingungen sind Ihre Mitarbeiter dazu bereit? Wenn es Spaß macht, bei Ihnen zu arbeiten. Wenn es Lebensqualität ist, dabei einen Großteil des Wichtigsten zu investieren, was der Mensch hat: seine Lebenszeit. Insgesamt übertreibe ich nur wenig, wenn ich sage: Ein Unternehmen, das eine Suchanzeige aufgeben muss, hat den Wettlauf um die Besten schon verloren.

Entscheidend für das Gelingen ist also die sportlich-spielerische sowie die charakterliche Passung der Teammitglieder. Der Unterschied: Ballfertigkeit kann man trainieren, Charakter nicht. Das also zeigt uns der Fußball: Bei der Einstellung auf die Einstellung achten!

Kann man Mitarbeiterbindung beinflussen?

Wie oft schon ist dieser Satz gefallen: »Wir müssen dies oder das tun, sonst verlassen uns die besten Leute.« Oft unterlässt man wichtige strategische Anpassungen, weil man glaubt, sie der Mannschaft nicht zumuten zu können. Was besonders in heißen Märkten mit ausgeprägtem Mangel an ausgebildeten Fachkräften zu beobachten ist. Hintergrund ist die Idee, dass man nur mit genau *diesen* Leuten erfolgreich werden kann. Und in der Tat hat wahrscheinlich jeder Manager schon mal erlebt, dass das Betriebsergebnis leidet, wenn ein guter Mann oder eine gute Frau das Unternehmen verlässt. Kurzfristig. Überraschend schnell macht man jedoch die Erfahrung, dass bisher durchschnittliche Mitarbeiter die Lücken füllen, plötzlich aufblühen, eine Leistung zeigen, die man vorher nicht für möglich gehalten hätte. Das kennen wir als »Management der Deutschen Eiche – unter meinem Schatten wird keiner groß!« Und kaum ist die Eiche weg, entwickelt sich der Kümmerwuchs zur Blüte.

Das in letzter Zeit eindrucksvollste Beispiel ist sicherlich der FC Arsenal, der Anfang 2008 ungewohnte Höhenluft genoss: nicht nur die Tabellenführung in der Premier League, sondern auch Platz eins in der ökonomischen Rangliste des britischen Fußballs. Und das in der ersten Saison nach dem Weggang des Superstars Thierry Henry, immerhin viermal britischer Torschützenkönig. Alle hatten Arsenal den Niedergang vorausgesagt. Und nun das. Mittelfeldregisseur Cese Fabregas erklärt es so: »Henry schüchterte uns ein. Alles hing im Spiel davon ab, was er wollte. Sein Weggang hat dem Team die

Freiheit gegeben, ohne Furcht zu spielen.« Diesen Effekt hatte man bei der Europameisterschaft 2004 schon bei der griechischen Mannschaft gesehen: Angelos Charisteas, in seinem Klub nur Mitläufer und Reservist, gleichsam »zugedeckt« von anderen, schoss in seiner neuen Rolle Griechenland zum Titel.

Festhalten um jeden Preis ist sicher der falsche Weg. Aber dennoch wissen wir natürlich: Der Wettbewerb der Zukunft wird auf den Personalmärkten entschieden. Dort gibt es immer *weniger* und immer weniger *gute* Leute. Mitarbeiter zu halten senkt zudem die Transaktionskosten – Kosten für Information, Beschaffung, Einarbeitung, Verwaltung und Ausbildung. Jedes Mal, wenn ein Mitarbeiter geht, nimmt er diese Investitionen mit. Wir können jedoch niemanden zwingen, bei uns zu bleiben. Wir können allenfalls die *Bedingungen der Möglichkeit* erhöhen, dass sich jemand bei uns wohl fühlt und bleibt. Deshalb muss die Frage beantwortet werden: »Warum verlassen uns gute Mitarbeiter?«

Für eine Antwort würde man im Fußball sagen: Wir müssen dahin gehen, wo es weh tut. Hier ist Schonungslosigkeit angesagt. Die Frage ist außerdem nicht zu entkoppeln von der Frage »Warum sind sie gekommen?« Die Motive des Kommens sind sehr oft deckungsgleich mit den Motiven des Gehens. Ein Beispiel: Wer für Geld kommt, geht für Geld. Dadurch wird das Unternehmen vergleichbar mit dem Wettbewerb. Kampfgehälter sind daher ungeeignet, die besten Mitarbeiter zu halten. Geld ist eher eine Allzweckwaffe, die alle anzieht, auch die Durchschnittlichen. Vor allem aber zieht es die Einkommensmaximierer auf den Personalmärkten an. Und mit denen zusammenzuarbeiten macht wenig Freude. Wer mit dem Geldschein winkt, läuft zudem die Gefahr der negativen Selektion: Schwachleister verlassen das Unternehmen freiwillig niemals – weil sie genau wissen, dass sie für ihre Leistung nirgendwo soviel Geld verdienen.

Wir müssen daher alle Anstrengungen unternehmen, um uns als Arbeitgeber so attraktiv wie möglich zu machen. Wir müssen auf der Liste der Bewerber weit oben stehen. Aus den *richtigen* Gründen:

weil unser Unternehmen für eine offene Unternehmenskultur steht, für interessante Leute, vielfältige Lernmöglichkeiten und herausfordernde Projekte. Dann werden entsprechende Leute angezogen.

Was können Sie als Führungskraft dazu beitragen? Für Dietmar Beiersdorfer, ehemals Verteidiger und nunmehr Manager des Hamburger SV, steht die menschliche Komponente über allem. Man könne Menschen nicht nur vertraglich binden, sondern vorrangig *emotional*: »Was wir brauchen, ist Passion und eine hohe Identifikation der Spieler mit dem Verein. Und dafür muss man ihnen Wärme vermitteln.« Was ihm bei Khalid Boulahrouz gelang, den er noch kurz vor einer Unterschrift bei Tottenham Hotspurs umstimmte, ebenso bei Rafael van der Vaart.

Gute Mitarbeiter verlassen schlechte Vorgesetzte.

Warum Mitarbeiter Unternehmen *verlassen*, das ist wissenschaftlich gut gestützt: Gute Mitarbeiter verlassen nicht schlecht geführte Unternehmen, sie verlassen schlecht führende Vorgesetzte. Mitarbeiterbindung ist ein Phänomen der *Mikroebene*. Der Hauptdemotivator in Unternehmen ist der direkte Vorgesetzte – und nicht die Unternehmenspolitik und andere Arbeitsbedingungen. Auf die Beziehung zwischen Chef und Mitarbeiter kommt es an! Menschen müssen das Gefühl haben, dass sie respektiert werden, dass ihnen Sympathie entgegengebracht wird, dass ihre Meinung zählt. Wenn es daran fehlt, gehen die Leute weg, sobald sie die Möglichkeiten dazu haben. Negativ gewendet: Wenn die Bindekraft eines Vertrauensklimas zwischen Chef und Mitarbeiter fehlt, dann erhöht sich die Fluktuationsrate überproportional. Also: Schaffen Sie ein warmes sozial-emotionales Klima! Ihr Ziel muss es sein, dass sich Ihre Leute so wohl fühlen, dass sie sich den Headhunter erst gar nicht anhören und die Stellenanzeigen überschlagen.

Forschungsergebnisse zeigen auch: Fehlender Zugang zu spannenden Projekten erzeugt Fluchtphantasien. Wenn Menschen das Gefühl haben, keine spannenden Aufgaben zu haben, wandern sie in die Demotivation ab. Dann gibt es keinen Grund zu bleiben, weil motiviertes Arbeiten und Lernen nicht zu trennen sind. Wer in seinem Job nur noch routiniert handelt, ist nicht mehr mit dem ganzen Herzen bei der Sache. Und wenn Menschen gut sind, dann haben sie Alternativen. Die nutzen sie dann früher oder später. Wer also immer nur auf der Ersatzbank sitzt und sich vertrösten lässt, der sollte sich nicht mit einer hohen Schmutzzulage binden lassen – der sollte gehen!

Und ein weiterer wichtiger Befund: Ein Unternehmen ohne einen Freund ist ein Feind. Die Konsequenz: Wer keinen Freund im Unternehmen hat, bleibt signifikant kürzer. Damit aber Freundschaften entstehen können, braucht es Möglichkeiten für nicht-hierarchische Kontakte außerhalb des Büros. Sport und alle Formen des informellen Miteinanders sind wichtig. Und ein letzter Hinweis: Wenn Sie nicht bereit sind, sich von einem Manager zu trennen, der für eine hohe Fluktuationsrate verantwortlich ist, ist das Reden über Mitarbeiter-Bindung bestenfalls ein Lippenbekenntnis.

Bei allem, was wir also tun können, um die Dinge positiv zu beeinflussen, bleibt zu beachten, dass Mitarbeiter-Bindung kein Selbstzweck ist. Wenn jemand sich entscheidet, Sie zu verlassen, hat er dafür Gründe, und diese sind zu respektieren. Was ist gewonnen, wenn jemand bleibt, obwohl er eigentlich gehen will? Was ist gut daran, wenn jemand aus den falschen Gründen bleibt? Sie sollten nicht versuchen, diese Gründe zu unterlaufen – zum Beispiel mit Geld, Karriereversprechen, langen Kündigungsfristen oder zeitlich verzögerter Bezahlung. Das ist eine Zeitbombe.

Wenn das Gegenteil eintritt, sind Sie auf dem richtigen Weg: Wenn Sie jemanden nicht festhalten, und er trotzdem bleibt. Wenn er sich in Freiheit entscheidet. Jeden Morgen neu. Und bewusst jeden Morgen neu. Wenn er selbst sich bindet. Das ist der Unterschied: das »Sich binden«, nicht das »Gebunden werden«. Und wir wissen aus der Sozialpsychologie: Gerade durch das Loslassen erzeugen Sie Bindung. Selbstbindung. Die schwachen Fesseln sind die starken. Starke Fesseln hingegen erzeugen das Gegenteil: Was man festhält, sucht das Weite.

Stammplätze gibt es nicht mehr

Auf dieser Welt gibt es keine Stammplätze mehr. Es gibt Aufsteiger und es gibt Absteiger. Von den einen wird das begrüßt, von den anderen gefürchtet. Die Hungrigen auf dieser Welt sehen plötzlich Chancen, ihre Talente zur Geltung zu bringen. Die Satten sehen sich mit der Tatsache konfrontiert, dass sie sich anstrengen müssen und dass sie nicht wie selbstverständlich davon ausgehen können, dass alles so bleibt, wie es war.

Daraufhin wird in Deutschland nicht trainiert. In Deutschland trainiert man vorrangig auf »Halten«. Hier fasziniert der Kuchen, der möglichst »gerecht« verteilt wird, nicht das Leben, das der Einzelne mit seiner Familie selbstverantwortlich führt. In keinem europäischen Land ist der Anteil der Selbstständigen an allen Berufsgruppen niedriger. Stattdessen will man einen »sicheren Job«, eine »feste Anstellung« – vorzugsweise beim Arbeitgeber Staat. Und wenn das nicht klappt, möglichst bei staatsgeschützten Groß-AGs. Und das ist schließlich auch der vorherrschende Denkrahmen: Feste Arbeitsplätze sind das Normale und das Gute; der Rest bedeutet »Ersatzbank« – ob das nun Zeitarbeit heißt oder Selbstständigkeit.

In diesen alten Bahnen dachte zunächst auch Jürgen Klinsmann als Nationaltrainer. »Unser Wunschgedanke war immer: Ein Nationalspieler muss im Klub Stammspieler sein. Doch die Arbeitsweise hat sich geändert.« So Klinsmann im Februar 2006, 100 Tage vor der Weltmeisterschaft im eigenen Land. Denn viele der Nationalspieler, aus denen er schließlich die Mannschaft formte, waren in ihren Vereinen keine Stammspieler.

Wie noch kein Coach vor ihm machte Klinsmann dann aus der Reservebank einen gleichberechtigten Mannschaftsteil. Er teilte den Spielern auf der Bank wichtige Aufgaben zu. Und er machte wahr, wovon viele nur sprechen: Will man an der Spitze bleiben, muss man die Potenziale des *gesamten* Kaders nutzen. Dann ist die professionelle Mitarbeit aller nötig. Dazu gehört auch, zurückzustehen, wenn es der Gegner, der Tabellenstand, die Situation verlangt. Dazu gehört auch, nicht die beleidigte Leberwurst zu spielen, wenn man einmal auf der Ersatzbank sitzt. Wer das noch immer als persönliche Zurücksetzung oder gar Beleidigung erlebt, der hat nicht verstanden, dass Fußball heute flexibler gespielt wird und traditionelle Muster verlässt. Der hat auch noch nicht verstanden, dass die Spieler insgesamt austauschbarer geworden sind – auch weil das Leistungsniveau innerhalb einer Mannschaft ausgeglichener wurde.

So schickt Rafael Benítez vom FC Liverpool nur sehr selten zweimal in Folge dieselbe Elf aufs Feld. Stets orientiert er sich an den Besonderheiten der Gegner und an den aktuellen Fitnesswerten.

Ganz klar ist das in den Köpfen der Spieler oft noch nicht. Da heißt es dann: »Jeder muss um seinen Stammplatz kämpfen.« Das ist inkonsequent gedacht. Konsequent muss es heißen: Es gibt *überhaupt* keine Stammplätze mehr. Die Idee des Stammplatzes hat ausgedient! Alle Plätze werden immer neu vergeben. Alle Spieler stehen im ständigen Wettbewerb mit den übrigen Mannschaftskollegen. Nur dann besteht die gute Chance, dass sich niemand auf den Lorbeeren ausruht. Arsène Wenger: »Nicht was hinter mir liegt, ist wichtig, sondern das, was vor mir liegt. Es ist, wie wenn ein Spieler sagt: ›Für das, was ich für den Klub geleistet habe, verdiene ich es, nun zu spielen.‹ Das ist nicht richtig. Du verdienst es nur für deine Leistung im letzten Spiel.« Das wird aber nur dann von allen akzeptiert, wenn alle diese Spielregel kennen und es davon keine Ausnahme gibt. Bei Günstlingswirtschaft kann man es vergessen.

Dieser Gedanke lässt sich problemlos auf Unternehmen übertragen. Auch da gilt es, eine »Leistungskultur ohne Stammplatzgarantie« (Christian Scholz) zu forcieren. Man ist nicht mehr fest »gesetzt« – die Jobs werden immer neu vergeben. Schon heute heißt es in den Unternehmen nicht mehr »Wer ist zuständig?«, sondern »Wer kann es am besten?«. Niemand wird noch auf seinen Arbeitsplatz pochen können, niemand wird sich auf formale Stellenbeschreibungen zurückziehen können. Ein neues Projekt bekommt nur jener, der sich einen guten Ruf aufgebaut hat. Das gilt insbesondere für Führungskräfte. Wer das Vereinbarte nicht erreicht, muss Platz machen für jene, die das können. Gerade für sie dürfen nicht die vergangenen Erfolge zählen, sondern die aktuelle Leistung beziehungsweise die Leistungsperspektive. Jürgen Klinsmann stellte Oliver Kahn und Jens Lehmann lange unter Wettbewerbsdruck, bis er sich aus strategischen Gründen für Lehmann als die Nummer eins entschied. Niemand sollte sich seines Platzes sicher sein.

Wem das nicht gefällt, der stelle sich vor, es wäre nicht so – und oft ist es ja leider nicht so. Sie selbst sind engagiert, wollen etwas bewegen, sind bestens ausgebildet – und da sitzt jemand hierarchisch vor Ihnen, der sich auf den Lorbeeren ausruht, die er vor 20 Jahren geerntet hat. Wie demotivierend ist das! Darauf zu reagieren bedeutet nicht, jemanden beim kleinsten Leistungseinbruch zu entlassen. Es ist keine Unfairness, Unangemessenheit und Willkür. Und es geht auch nicht darum, soziale Sicherungen abzubauen oder gesetzliche Regelungen zu umgehen. Es bedeutet lediglich: Trauen Sie sich, Stars und verdiente Leistungsträger der Vergangenheit anzuzweifeln. Es gibt einfach keine zementierten Positionen, keine festen Gehälter, keine Arbeitsplatzgarantie.

Trauen Sie sich, Stars der Vergangenheit anzuzweifeln.

Und was ist mit Loyalität? Noch immer wird behauptet, Unternehmen wollten loyale Mitarbeiter und Mitarbeiter wollten loyale Unternehmen. Diese Behauptung scheint mir schlicht unehrlich zu sein. Unternehmen trennen sich sang- und klanglos von zigtausend Mitarbeitern, wenn das ihre wirtschaftlichen Interessen fördert. Umgekehrt haben Arbeitnehmer selten Mühe, den Arbeitgeber zu wechseln, wenn ihnen ein attraktiveres Angebot ins Haus flattert. So, wie es Rafael van der Vaart vom HSV ausdrückte: »Loyalität? Was ist das?« Ja, es verlassen – rein statistisch – nach wie vor mehr Mitarbeiter die Unternehmen, als sich Unternehmen von Mitarbeitern trennen. Im Grunde sind wir alle Zeitarbeiter.

Ist Loyalität denn überhaupt wünschenswert? Loyalität hieße aus Sicht des Unternehmens, einen Mitarbeiter zu halten, nur weil er in der Vergangenheit gute Leistungen brachte – selbst dann, wenn zukünftig weitere Minderleistungen zu erwarten sind. Darf ein Unternehmen das tun? Inhabergeführte Unternehmen vielleicht, denn der Inhaber kann sein Geld verbrennen, wie er will. Manager, die das Geld anderer Leute verwalten, dürfen das nicht. Aus Sicht des Mitarbeiters würde Loyalität bedeuten: »Ich bleibe treu bei meinem Unternehmen, selbst wenn es mir zukünftig wirtschaftliche Nachteile bringt.« Ist das wirklich zu erwarten? Nein, natürlich nicht. Loyalität wird immer dann hoch gehandelt, wenn es keine Job-Alternativen gibt und wenn sie nichts kostet.

Ich möchte noch einen Schritt weiter denken. Ich sehe gerade im Verzicht auf »Loyalität« einen Vorteil für beide Seiten. Sicherheit lähmt; wer Bestleistung will, muss auch die verdientesten Leute immer wieder auf die Probe stellen. Zum Einsatz kommt nur, wer seine Leistung bringt. Wer das nicht tut, sitzt auf der Bank und muss sich langfristig einen anderen Verein suchen.

Die Zeiten, da wir einen Job lebenslang in derselben Firma ausübten, sind vorbei. Wir müssen vorbereitet sein, auf die Veränderung, auf das Ende des Spiels. Arbeitsplatzsicherheit ist eine Illusion, Arbeitsmarktfähigkeit ist die Aufgabe eines jeden Einzelnen. Permanent und lebenslang.

Vom Spezialisten zum Alleskönner

Fußball in Deutschland? Das war lange Zeit Kampf, Mann gegen Mann und klare Zuordnung. Positionen wurden starr gehalten – was das Spiel übersichtlich machte. Vor allem für die Betrachter. Vorne blieb vorne und hinten blieb hinten.

Deshalb hieß die alte Fußballerfrage immer: Wer nimmt wen? Also wer ist mein persönlicher Gegenspieler? Das galt vor allem in der Abwehr, für die der deutsche Fußball lange bewundert wurde. Männer wie Karl-Heinz Förster, Guido Buchwald oder Jürgen Kohler nannten sich Vorstopper, Ausputzer oder Manndecker. Und sie übergaben ihre Gegenspieler nicht dem Mitspieler, sondern dem Orthopäden. Sie sollten das Spiel des Gegners *verhindern*, kämpfen, sich in Zweikämpfen aufreiben – die berühmten Wadenbeißer eben. Mit dem Spielaufbau hatten sie nichts zu tun, an der Mittellinie war für sie Schluss. Sollten vorne doch die Maradonas, Platinis und Gullits zaubern! In den WM-Endspielen 1982 bis 1990 standen die Deutschen. Weil sie die Manndeckung beherrschten. »Ein Mann, eine Aufgabe!«

Auch für Stürmer war an der Mittellinie Schluss, aber eben von der gegnerischen Hälfte aus gesehen. Der Außenstürmer wartete an der Außenlinie auf den Pass, der »das Spiel öffnete«, der Mittelstürmer in der Mitte auf Abstauber. Ja, man spielte zusammen, aber doch sehr starr. Die Bereiche, in denen sich die Spieler bewegen konnten, waren klar festgelegt, Aufgaben ebenso klar zugeordnet.

Im Denkrahmen »Manndeckung« war Fußball also die Summe vieler gewonnener oder verlorener Zweikämpfe. Was die Sache vereinfachte: Hatte ein Spieler seinen Gegner im Griff, war alles im Lot – selbst wenn man als Mannschaft verlor. Diskutiert wurden Einzelspieler – ihre Ballfähigkeit, ihre Zweikampfstärke, ihr taktisches Geschick. Immer sah man individuelle Ursachen für Sieg und Niederlage, machte insbesondere Niederlagen an individuellem Versagen fest. Man sucht sich guten Gewissens einen beliebigen Schwachleister, klagt ihn an oder entfernt ihn, und dadurch kann die Gemeinschaft, die aus den Fugen geraten war, zur Normalität zurückkehren.

Die Wurzeln des Umdenkens sind lang. Schon Ende der 20er Jahre erkannte man beim FC Schalke 04, dass die Spezialisierung der Spieler einfach zu viele Nachteile hatte: Sie hing zu sehr ab von den Spielerfähigkeiten, war zudem leicht zu durchschauen und auszuhebeln. Die Spieler sollten – unabhängig von ihrer Position – besser anspielbar sein. Trainer Hans »Bumbes« Schmidt ließ daher den Ball »kreiseln«, um gegnerische Spieler aus der Verteidigung herauszulocken. Diese Flexibilisierung der Aufgaben wurde dann das Markenzeichen der ungarischen Nationalmannschaft der 50er Jahre. Die Spieler sprengten das Korsett fester Positionen und passten sich den Stärken und Schwächen des Gegners an. In dieser Radikalität war das neu.

Den grundsätzlichen Abschied von der Manndeckung – auch in der Abwehr! – muss man aber wohl den Holländern zuschreiben. Sie wandten sich Ende der 70er Jahre von den Rustikalstoppern ab und arbeiteten mit klug organisierten Abwehr-Verbünden. Es ging nicht mehr darum, den individuell zugeordneten Gegner zu kontrollieren, sondern das gesamte Spiel zu überschauen: »het totale voetbal«. Dafür musste die starre Ordnung aufgehoben werden. Gefragt wurde nun nicht mehr »Wessen Aufgabe ist das?«, sondern »Wer steht jetzt am besten?«. Die *ballorientierte Raumdeckung* war geboren, die in den 90er Jahren die Viererkette gebar. Manndeckung gab es nur noch im eigenen Strafraum.

Im heutigen Hochgeschwindigkeitsfußball hat man sich von der Terminologie der starren Mannschaftsteile verabschiedet. Traditionell reden wir zwar immer noch von einer in Abwehr, Mittelfeld und Sturm aufgeteilten Spielordnung. Aber das sind Abstraktionen. Der praktische Prozess läuft anders. Die »Abteilungsgrenzen« spielen kaum mehr eine Rolle. Erfolgreiche Mannschaften orientieren sich nicht mehr an vorher definierten Ordnungskriterien, sondern am Ball, an der spezifischen Situation, gar am Spielstand.

Moderner Fußball heute ist: Zusammenarbeit, Zusammenarbeit und noch einmal Zusammenarbeit. Das Abwehrverhalten geht die ganze Mannschaft an; die Stürmer müssen mitmachen, es dürfen keine Löcher zwischen den Mannschaftsteilen entstehen.

Hennes Weisweiler formulierte das schon vor über 35 Jahren: »Hat der Gegner den Ball, sind wir alle Verteidiger. Haben wir den Ball, sind wir alle Angreifer.« Das ist das Ende der Stellenbeschreibung. Und das hat Konsequenzen für die Personalauswahl: Als Frankreich am 12. Juli 1998 mit 3:0 Weltmeister wurde, wurden alle Treffer von Mittelfeldspielern erzielt, die Treffer im Achtel- bis Halbfinale sogar ausschließlich von Verteidigern. Selbst der Torwart nimmt heute aktiv am Feldspiel teil – nicht erst seit den Ausflügen Petar Radenkovics in den 60er Jahren. Beim »High up« stürmt gleichsam auch der Torwart mit: Er steht an der 16-Meter-Linie und füllt damit den Raum, die die weit nach vorne gezogene Verteidigungsraute eröffnet hat. Das war der Grund, weshalb Jens Lehmann zur Nummer eins im Tor befördert wurde: Mit seiner Erfahrung bei Arsenal London gilt er als »aktiver Torwart« und Spezialist für das Spiel mit einer offensiven Viererkette.

Eine Ausnahmeerscheinung aber ist in dieser Hinsicht Brasiliens Nationaltorwart Rogerio Ceni: Als er 2006 mit dem FC Sao Paulo Meister wurde, war er mit sieben Treffern der zweiterfolgreichste Schütze des Teams. Torgefährlichster Schlussmann der Fußballgeschichte ist er ohnehin: Anfang 2008 kam er auf 77 Tore.

»Die Zukunft des Fußballs ist gekommen, wenn elf Alleskönner auf dem Platz stehen«, so die russische Trainerlegende Valeri Lobanowski. Ideal dargestellt von Andrej Schewtschenko, der sowohl im Sturm als auch in der Abwehr spielen kann. Auch ein Roberto

Carlos war niemals nur Verteidiger, ebenso wie Jan Koller nie nur Stürmer war. Vor allem aber war Di Stéfano von Real Madrid ein solcher »All-in-one«-Spieler: Er hat vorne gespielt, Tore geschossen, im Mittelfeld und in der Abwehr gespielt, er konnte alles. Für viele ist er heute noch der Größte.

Fassen wir also zusammen:

1. Zusammenarbeit hat sich intensiviert.
2. Positionen sind nicht mehr so wichtig.
3. Spieler sind eher Alleskönner.

Was Unternehmen von Fußballteams lernen können? Erstens: Ballorientiertes Spiel, variable Raumaufteilung und das ständige Wechseln der Position verträgt sich weder mit starren Organisationsformen noch mit der Mentalität der Flächentarifverträge. Wir müssen auch im Unternehmen von der Manndeckung auf die ballorientierte Raumdeckung umstellen. Was soll das heißen? Nun, wenn im Unternehmen ein Problem auftaucht, wird die Ursache zumeist bei Einzelpersonen verortet. Man glaubt dann, »ganz sachlich« ein individuelles Versagen erkannt zu haben. Das mag im Einzelfall auch einmal berechtigt sein. Im Regelfall ist eine solche Perspektive aber ebenso fruchtlos wie die Spekulation, Ronaldinho hätte bei der WM 2006 nur besser spielen müssen, dann wäre Brasilien nicht so früh ausgeschieden. Nein, es war die ganze Mannschaft, die einfach keinen Sinn für das »Zusammenarbeiten« entwickelt hat. Sinnvoller ist es mithin, sich auf die Zusammenarbeit des ganzen Teams zu konzentrieren. Und die schließt vor allem die Beziehungsebene und die Qualität der Kommunikation mit ein.

Zweitens: Festgefügte Stellenbeschreibungen – das ist altes Denken. Auf diese Basis kann man noch Planwirtschaften stellen, nicht aber mehr moderne Unternehmen, die im internationalen Wettbewerb stehen. Auch die Unternehmen sollten offene Strukturen entwickeln – vernetzt, lose gekoppelt, selbstständig, kooperativ – und nicht hierarchisch-funktional-monolithisch. Es geht darum, Verantwortung zu übernehmen, nicht nur der Sorgfaltspflicht zu genügen: Es ist ja richtig, dass die Spieler auf einer bestimmten Position bleiben und den Gegner an den nächsten Mitspieler übergeben. Aber dabei muss man ein gutes Auge haben. Wenn der übergebende Spieler plötzlich keinen Gegenspieler mehr hat, also gleichsam arbeitslos ist, funktioniert das nicht. Gelegentlich muss man auch in der Verantwortung *bleiben*, obwohl das die Stellenbeschreibung eigentlich nicht vorsieht. Gerade im letzten Drittel vor dem eigenen Strafraum vergessen die Spieler oft, dass sie einen klaren Mannbezug haben müssen.

Verantwortung übernehmen, nicht nur der Sorgfaltspflicht genügen.

Drittens: Warten Sie nicht, bis eine vorher definierte Situation entsteht. Eine Mannschaft, die nur nach Standardsituationen Tore erzielt, wird langfristig nicht überleben. Der Standard hat seine Berechtigung, aber Geld verdient man mit dem Besonderen. Unternehmen, die lediglich verkaufen, was sie herstellen können, werden deshalb Schwierigkeiten haben – Unternehmen, die herstellen, was sie verkaufen können, werden überleben. Und viertens: Überlegen Sie, ob Sie sich nicht als reine Management-Gesellschaft aufstellen. Spezialisten holen Sie sich dann nur bei Bedarf ins Unternehmen.

Machen Sie nicht den Fehler und sehen Sie den Vertrieb als Sturm, als Mittelfeld Marketing und Produktion, in der Verteidigung Controlling und die Personalarbeit mit jeweils getrennten Aufgaben. Als Folge dieser Spezialisierung gibt es immer noch Verantwortungsverschiebung: Wir haben da jetzt jemanden für Qualität, da gibt es den Gleichstellungsbeauftragten, und Verkäufer müssen verkaufen. Das ist falsch. Jeder ist Verkäufer! Egal an welchem Platz er steht, egal ob im Außendienst oder Innendienst. Jeder hat an seinem Ort Einfluss darauf, wie ein Kunde das Unternehmen wahrnimmt. Und aus der Sicht des Kunden arbeitet ein Mitarbeiter nicht für das Unternehmen, er *ist* das Unternehmen.

Auch hier muss man sich vor Vereinfachungen in Acht nehmen. Es geht nicht um ein simples »Entweder – oder«, sondern um ein »Mehr oder weniger«. Wer ins Extreme geht, kann nur beweisen, dass alles falsch ist. Also: mehr Ballorientierung, mehr Alleskönner.

Der Primat der Organisation ist mindestens zu ergänzen mit der umgekehrten Denkrichtung: Die Organisation ist zu flexibilisieren. Ein solches »systemisches« Führungsverständnis ist noch nicht sehr verbreitet. Aber es brauchte ja auch einige Jahre, bis ein Fußballteam von der Manndeckung auf ballorientierte Raumdeckung umgestellt hat.

Warum Individualität zählt

Jens Lehmann antwortete auf die Frage, wer zurzeit der beste Fußballer sei: »Den kann es nie geben, weil Fußball ein Mannschaftssport ist.« Lehmann verweist auf die Betonung der Zusammenarbeit und die Aufhebung der klaren Rollenverteilung: »Die Mannschaft ist der Star!« Deshalb dominiert heute der Systemfußball, wie auch Jürgen Klinsmann betont: »Wir sind überzeugt, dass es nicht um Köpfe geht, sondern um Philosophie.« Im Extremfall ist der Einzelne austauschbar – was Trainer Rinus Michels demonstrierte, indem er seine Spieler nicht mit Namen rief, sondern mit Rückennummern.

Dass die Zusammenarbeit innerhalb der Mannschaft entscheidend ist, ist auch in diesem Buch immer wieder Thema. Trotzdem möchte ich mich – aus gutem Grund – in diesem Kapitel mit individueller Stärke beschäftigen. Denn nicht ganz zu Unrecht verweisen die Anhänger der großen Einzelspieler auf Klubs, die viel Geld in Starspieler investieren und insgesamt erfolgreicher sind als jene, deren Finanzdecke dünner ist. »Stars machen die Mannschaft!«, heißt es dazu.

Die Spannung zwischen Einzelspieler und Mannschaftszielen ist nirgendwo deutlicher abgebildet als im Fußball. Aber der Fußball ist ein wunderbares Beispiel dafür, dass ein Entweder-oder zu simpel ist. Er sendet immer eine Doppelbotschaft: »Es kommt auf dich an!« und gleichzeitig »Nur gemeinsam schaffen wir es!«. Fußball zeigt uns, dass *Einheit schaffen* und gleichzeitig *Vielfalt zulassen* kein Widerspruch ist, dass wir *beides* brauchen. Das Individuum wird im Fußball gebraucht, auch wenn er ein Mannschaftssport ist. Und er zeigt uns, dass ein erfolgreiches Miteinander nicht durch die Nivellierung der Unterschiede entsteht. Die Kunst ist es, das Individuelle des Einzelnen zur Geltung zu bringen, aber so, dass es dem Gemeinsamen nützt.

Die Mischung also macht's. Kaum jemand wurde so berühmt für diesen Gedanken, wie Sir Alf Ramsey, der die englische Mannschaft 1966 zum Gewinn der Weltmeisterschaft führte. Der englische Fußball-Kenner Arthur Hopcraft schreibt: »Leidenschaftslos beobachtete er einzelne Spieler, notierte ihre Stärken und Schwächen, während er in seinem Kopf endlos neue Gesichter einbaute und aussortierte.« Auf der Suche nach der perfekten Mischung hatte Ramsey kein System, dem er die Menschen unterordnete, und auch keine Ansammlung von besten Einzelspielern – außer Bobby Charlton als Mittelstürmer war niemand gesetzt.

Auch die Arbeit Ottmar Hitzfelds beim FC Bayern München ist ein Beispiel dafür, System und Spieler in Einklang zu bringen. Er versucht nicht, die Spieler in eine fest vorgegebene Grundformation einzupassen, sondern das Spielsystem um die Talente der Spieler herum zu bauen. So spielten die Bayern lange ein 3-4-3-System mit einem Dreierblock im Abwehrzentrum. Weil sie mit Lothar Matthäus und Patrick Andersson über Spieler verfügten, die ihre Rollen fließend wechseln konnten. Je nach Situation entschieden sie, wer Libero und wer Manndecker, wer mehr offensiv und wer mehr defensiv orientiert war. Nach dem Ausscheiden der beiden Spieler stellte Hitzfeld auf ein 4-4-2-System um. War man mit dem alten System nicht mehr zufrieden? Doch, aber mit Bixente Lizarazu und Willy Sagnol hatte man zwei Außenverteidiger, die nicht nur verteidigten, sondern auch als Aufbauspieler und Stürmer quasi die ganze Außenbahn spielen konnten – etwas, das der Brasilianer Roberto Carlos in den modernen Fußball eingeführt hatte. Auch der Wechsel von drei auf zwei Stürmer war nur die Konsequenz der Tatsache, dass mit Giovane Elber und Claudio Pizarro zwei Stürmer zur Verfügung standen, die sich in der zentralen Position vor dem Tor wohl fühlten. Auf der Suche nach der richtigen Balance, dem perfekten Mix – der auch unter dem Stichwort »Rotation« als Dauereinrichtung von Ottmar Hitzfeld eingeführt wurde.

Aber nur noch in seltenen Fällen wird mit dem besseren Spielsystem die individuelle Überlegenheit des Gegners neutralisiert. Volker Finke in Freiburg hat das zwar einige Jahre vorgemacht, indem er einen neuen Stil spielen ließ – herzerfrischend, ohne das große Geld und deshalb auch ohne Stars. Doch schon bald wurde er kopiert und verlor damit seinen Wettbewerbsvorteil.

Wenn aber alle Mannschaften dasselbe System spielen, wenn sie nahezu alle nach den gleichen Prinzipien arbeiten – was tritt dann in den Vordergrund? Genau das, worüber Volker Finke nicht verfügte: die Qualität der Spieler. Dann sind individuelle Fähigkeiten mehr denn je gefordert! Denn heute verfügen alle Spitzenmannschaften über dieselben modernen taktischen Mittel.

Wie im Unternehmen. Auch da hat die Globalisierung die Unternehmen immer ähnlicher gemacht. Die deutschen Unternehmen sind schon lange keine deutschen mehr – weder die Kunden und die Mitarbeiter, noch die Eigentümer. Die allgemeine Beraterhörigkeit hat zudem dazu geführt, dass die Hauptmitbewerber einer Branche über kurz oder lang irgendeinem zentralen Dogma folgen. Durch *Benchmarking* und *Best Practice* sind die Unternehmen gleichsam organisatorisch »geklont«. Es macht daher – was die wesentlichen Aufbauelemente angeht – kaum noch einen Unterschied, ob man in einem amerikanischen, einem deutschen oder französischen Unternehmen arbeitet.

Wenn man über Systeme keinen Wettbewerbsvorteil mehr erzielen kann, dann ist Führung gut beraten, auf den Einzelnen zu schauen. Auf sein Talent, auf seine Eigenschaften. Führung muss mithin nach Menschen Ausschau halten, die ihre Besonderheit zum Nutzen des Ganzen einsetzen wollen. Die Führungskraft wird daher Unterschiede erkennen, respektieren und wissen, dass das Individuelle die größte Hoffnung für langfristiges Überleben und

Erfolg ist. Das ist die Kunst: Die Menschen ihre *Besonderheit* leben zu lassen, aber so, dass es im Sinne des Ganzen ist.

Aufgabe der Führung ist es daher nicht nur, Stellenbeschreibung und Personal zur Deckung zu bringen, sondern – umgekehrt – auch die Situation dem Individuum anzupassen. Das Unternehmen um den Einzelnen herum zu bauen. Nicht nur Menschen für Jobs zu suchen, sondern auch *Jobs für Menschen* zu kreieren. Wie es Michel Platini, Europameister 1984 und französischer Nationaltrainer 1988–1992, sagte: »Wenn du einen besonderen Spieler hast, musst du alles um ihn herum nach ihm ausrichten.«

Wie Fußball ist Wirtschaft ein Mannschaftssport, dessen Akteure als Individuen kenntlich bleiben. In komplexen Situationen müssen unterschiedlich bezahlte und unterschiedlich leistungsfähige Spieler mit unterschiedlichen Aufgaben kooperieren.

Bei Gleichklang der Systeme kommt es auf den Einzelnen an.

Wie kann man aus der Vielfalt der Charaktere und Talente eine schlagkräftige Einheit bauen? Und zwar ohne Einheit als Gleichförmigkeit zu begreifen, nicht als Beschränkung der unterschiedlichen Persönlichkeiten, nicht einmal als Kompromiss auf den kleinsten gemeinsamen Nenner, sondern als sich ergänzende Vielfalt? Indem man nicht das Individuum an das System anpasst, sondern auch das System für das Individuum flexibilisiert. Wenn der Einzelne *in seiner besten Rolle* glänzt, dann nützt er der Gemeinschaft.

Bei ähnlicher Ablauforganisation liegt der wahre Wettbewerbsvorteil in der Individualität der Mitarbeiter. Idealerweise will Führung das Subjektive, das Unverwechselbare des Einzelnen nutzen; eben das, was Menschen mitbringen. Sie will die Individualität ihrer Mitarbeiter kapitalisieren. Das ist die Kunst: Die Menschen machen lassen, aber so, dass es im Sinne des Ganzen ist. Was wir also brauchen, ist eine starke Führung, die sich nicht im Entweder-oder verheddert, sondern zwischen System und Individuum vermittelt. Wenn eine Führungskraft das leistet, zeichnet sie sich vor allem durch eines aus: *dass sie Unterschiede wahr- und ernstnimmt.*

Abschließend ist es vielleicht sinnvoll, sich noch einmal den Unterschied zwischen der Nationalmannschaft und den Vereinsmannschaften anzusehen: Natürlich verfügen sowohl National- als auch Vereinstrainer nur über eine begrenzte Anzahl an Spielern. Der Nationaltrainer kann jedoch aus einem weit größeren Reservoir schöpfen. Er kann daher stärker an seinem Spielsystem festhalten, indem er sich eben die passenden Spieler dazu sucht, wie Klinsmann das bei der WM 2006 fast in Reinform vorgeführt hat. Ein Vereinstrainer muss – zumindest kurzfristig – das Beste aus dem vorhandenen Spieler-»Material« machen. Will er dennoch konsequent ein bestimmtes System spielen lassen, kann man keine schnellen Erfolge erwarten. So räumte man sinnvollerweise Arrigo Sacchi beim AC Mailand und Luis van Gaal bei Ajax Amsterdam von Beginn an eine längere Wirkungszeit ein, was mit großem Erfolg belohnt wurde.

Die Arbeit der Führungskräfte in der Wirtschaft gleicht eher den Vereinstrainern, können sie sich doch in den seltensten Fällen schnell neue Mitarbeiter aussuchen. Vor diesem Hintergrund ist das schnelle Wählen und Abwählen von Managern eine Fehlentwicklung. Erst langfristig hat jede Führungskraft die Mitarbeiter, die sie verdient.

Bei Gleichklang der Systeme kommt es auf den Einzelnen an! Das konnte man sehr gut im Halbfinale der WM 2006 im Spiel Deutschland gegen Italien beobachten. Beide Mannschaften spielten dasselbe System bei offensiver Ausrichtung. Aber Italien gewann, weil es auf fast allen Posten über eine höhere *individuelle* Klasse verfügte, die aber mannschaftsdienlich spielte.

Geld schießt keine Tore – oder doch?

»Und dafür bekommt er Millionen!« Aufgebracht flucht so mancher Fan dem Fehlpass eines Star-Kickers hinterher. Und unterstellt dabei, dass Geld Leistung bringt. Daran glaubt auch Christoph Daum, der 1000-Mark-Scheine an die Kabinentüren seiner Spieler heftet und ihnen zuruft: »Die Gegner sind eure Feinde, die wollen euch euer Geld wegnehmen!« Daran glauben auch die Großmotivierer in den Unternehmen – dass Mitarbeiter mit Incentives und Boni mehr leisten. Zumindest kurzfristig.

Zweifel waren schon immer erlaubt. Die Berliner Katastrophen-Truppe Tasmania 1900 konnte in der Saison 1965/66 insgesamt nur ganze acht Punkte gewinnen, schoss 15 Tore, kassierte 108 und stieg natürlich ab. Kurz vor Saisonbeginn hatte man die Spielergehälter neu verhandelt; auf Siegprämien verzichtete man zugunsten hoher Festgehälter. Die Frage, die schon damals die Fans spaltete: Spielte man *deshalb* so schlecht, weil es keine Prämien zu gewinnen gab, oder war man sich der Aussichtslosigkeit der Saison von vorneherein bewusst und nahm nur mit, was mitzunehmen war?

Machen wir es sofort klar: Wer vom Fußball auch nur den Schatten einer Ahnung hat, weiß, dass noch niemals ein Tor gefallen ist, weil der Schütze dabei an Geld dachte. In der Dramatik des sportlichen Geschehens spielt der Gedanke an die Siegprämie einfach keine Rolle. Und das gilt auch für Siegprämien ganzer Mannschaften. Beispiele dafür gibt es genug. Stellvertretend genannt sei das berühmte Eröffnungsspiel der WM 1990, die »Löwen« aus Kamerun bezwingen den amtierenden Titelträger Argentinien mit

1:0 – die Siegesprämie der Argentinier machte etwa das 100fache der Kameruner aus.

Mainz-Trainer Jürgen Klopp stellt fest: »Es ist angenehm, mit Fußball auch Geld verdienen zu können. Aber im täglichen Umgang spielt Geld keine Rolle. Ich habe meine Spieler noch nie mit Geld locken können, beispielsweise mit der Erinnerung an Aufstiegsprämien. Wir wollen einfach an jedem Wochenende gewinnen. Das ist das wichtigste. Da spielt das Geld keine Rolle.« Und Peter Kenyon, der Vorstandschef des FC Chelsea assistiert: »Höhere Prämien werden Spieler nicht motivieren, ihr Publikum besser zu unterhalten. Die Motivation, mehr erreichen zu wollen, muss vom Spieler selbst kommen.«

Niemand hat je gesagt, der Faktor Geld sei unwichtig. Geld ist das Resultat der eigenen besten Kräfte und symbolisiert die Wertschätzung der Tauschpartner. Eine ganz andere Frage aber ist, ob man mit Geld motivieren, gleichsam Motivation kaufen kann. Die Stimme der Wissenschaft ist eindeutig: Es gibt keine einzige Studie weltweit, die eine dauerhafte Leistungssteigerung durch finanzielle Anreize nachgewiesen hätte. Wobei die Betonung auf »dauerhaft« liegt. Aber macht eine hohe Bezahlung Leistung wenigstens wahrscheinlicher? Nein, denn Leistung beruht nicht nur auf gesteigerter Leistungsbereitschaft, sondern auch auf Leistungsfähigkeit und Leistungsmöglichkeit. Lassen wir die Leistungsmöglichkeit (Gegner, Platzverhältnisse, Schiedsrichter) außen vor und betrachten nur die Leistungsfähigkeit: Glaubt jemand ernsthaft, dass kreative Ideen geldinduziert sind? Ideen, wie von Franz Beckenbauer, der einfach mal die Mittellinie überquerte, von Klaus Allofs, der 1986 beim 1. FC Köln gegen Bayer Leverkusen überraschend abzog und mit 70 Meter das Weitschusstor mit der längsten Distanz erzielte, der Hackentrick, der den Unerwarteten bedient, das Durchgehenlassen des Balles, das plötzlich den Raum öffnet – glaubt jemand ernsthaft, diese Kreativität ließe sich mit Geld anspornen?

Ja, viele Manager wollen da mit Geld nachhelfen. Ein »Innovations-Management« wird dann installiert, früher ein »betriebliches Vorschlagswesen«. Das Prinzip: Geld gegen Kreativität. Ein Missverständnis – denn Geld verhindert eher Kreativität. Drei Physiker von der Universität Leipzig und ein Mathematiker der Universität Edinburgh untersuchten die Torstatistiken von mehr als 20 000 Fußballpartien. Eines ihrer Ergebnisse: In professionellen Ligen mit hohen Siegprämien sind Ergebnisse mit hohen Torzahlen selten. In Ligen, in denen das Geld eine geringe Rolle spielt (wie zum Beispiel WM-Qualifikationen, DDR-Oberliga oder Frauenfußball), werden vergleichsweise hohe Torzahlen erzielt. Die Erklärung der Forscher: Wenn Geld dominiert, wird Ergebnisfußball gespielt; die Besitzstandswahrung dominiert. Was stirbt, ist die Risikofreude, das Ausprobieren, die Kreativität. Wenn viel Geld im Raum steht, wählt man den sicheren Weg, nicht den, der scheitern könnte. Das sei jenen in die Bücher geschrieben, die immer noch an die kreativitätsfördernde Wirkung der Prämie glauben. Kreativität bringt zwar Geld, aber Geld bringt keine Kreativität.

Wer es dennoch versucht, leistet als Führungskraft seinen Offenbarungseid. Er will seine Führungsaufgabe im Prozess der Leistungsentstehung nicht wahrnehmen – stattdessen winkt er mit Incentives. Er will keine Loyalität bei seinen Mitarbeitern entwickeln, sondern bei Abwanderungsgelüsten das Gehalt nachbessern. Er sucht bei Schwachleistung der Mannschaft nicht nach Problemlösungen, sondern friert die Punktprämien der Spieler für die vorangegangenen Spiele ein – so wie Christoph Daum, Trainer des 1. FC Köln, nach dem 0:5 gegen Rot-Weiss Essen im Februar 2007. Ist Ohnmacht je deutlicher demonstriert worden?

Man kann mit Geld erreichen, dass jemand auf das Spielfeld geht; Geld sorgt aber nicht dafür, dass er gewinnt. Und so speist sich auch in der Arbeitswelt hohe Leistung aus Talent in einer konkreten Situation, aus herausfordernden Aufgaben, interessanten Kollegen, einem stimulierenden Arbeitsumfeld und realen Marktchancen. Aber nicht aus Geld. Das Thema können wir also zur Seite legen. Es bleibt bei dem Satz Otto Rehhagels: »Geld schießt keine Tore.«

Bleibt die Frage, ob Geld nicht doch mindestens die Möglichkeit sportlichen Erfolges verbessert, indem man mit viel Geld die Besten um sich versammelt, also langfristig erfolgreich wird. Schalke hat sicherlich in der Saison 2005/06 bitter erfahren müssen, dass man Erfolg nicht kaufen kann. Deutsche Werksteams entpuppen sich schon seit Jahren als Investitionen ins Niemandsland. Jedenfalls hat das Geld der Industrie den Klubs bis heute keine Titel eingebracht. VW zahlt dem VFL Wolfsburg kontinuierlich rund 15 Milliarden Euro im Jahr, garantiert Schuldenfreiheit und den achthöchsten Etat der Liga. Die Bayer AG ist sogar noch großzügiger: Sie zahlt der Leverkusener Fußball GmbH jährlich etwa 25 Millionen – Titel sprangen dabei nicht heraus. Manchester United war seit den 60er Jahren der mit Abstand wohlhabendste Klub, war aber in den 26 Jahren zwischen 1967 und 1993 nicht in der Lage, ein einziges Mal Meister zu werden. Bleiben wir auf der britischen Insel, dann hat der Russe Abramowitsch mit Chelsea London über eine Milliarde Euro verbrannt, ohne einmal die Champions League zu gewinnen. Und auch Red Bull Salzburg hat trotz Brause-Millionen die Qualifikation zur Champions League immer noch nicht geschafft. Es kursiert der Witz: Wie macht man im Fußball eine Million? Man startet mit einer Milliarde!

Kann man aus all dem eine Regel ableiten? Allenfalls diese: Erfolg lässt sich nicht kaufen. Wenn zu anderen optimalen Leistungs-Bedingungen auch noch Geld hinzukommt, dann allerdings kann sich der Erfolg einstellen. Allein mit Geld funktioniert das nicht. Oder anders gewendet: Geld ist hilfreich – aber es ist weder eine notwendige noch eine hinreichende Bedingung für hohe Leistung.

Keiner gewinnt allein – die Bedingungen für Zusammenarbeit

Die großen Solos der Fußballgeschichte haben sich eingeprägt: Pelé, der den senegalesischen Torhüter zweimal umkreiste, bevor er den Ball ins Tor schob. Noch einmal Pelé, der 1961 das »schönste Tor der Welt« schießt, noch ohne Fernsehbilder, nur durch eine Plakette am Maracana Stadion in Rio dokumentiert: Seinem eigenen Torwart nahm er den Ball ab, lief über die ganze Länge des Feldes, umdribbelte sechs Gegner und schoss den Ball ins Netz. Und natürlich Maradonas Solo und Tor im WM-Viertelfinale 1986 gegen England. Und der Engländer Michael Owen schoss im Achtelfinale der WM 1998 gegen Argentinien das schönste Tor des Tuniers: Der 18-Jährige schnappte sich in der 18. Minute den Ball an der Mittellinie, spurtete auf das argentinische Tor zu, umkurvte formvollendet Chamot und Ayala und setzte Keeper Roa einen satten Schuss in die Maschen. Für diese Spielweise standen die »Dribbelkönige« wie Willi Lippens, (»Berti Vogts hatte vor jedem Spiel gegen mich Dünnschiss«) oder Reinhard »Stan« Libuda, der bekanntlich sogar an Gott vorbei kam.

Genau so hatte der Fußball angefangen: Dribbeln – das galt vor 1900 als höchste Kunst. Man kam auf irgendeine Weise an den Ball und lief dann mit dem Ball am Fuß auf das gegnerische Tor zu. Jeder dribbelte für sich allein. Die Mannschaftskameraden standen auf ihren Positionen und schauten zu. Sie legten erst selber los, wenn sie einen abgeprallten Ball erwischten. Von einem Zusammenspiel, gar von Kombinationen war lange nicht die Rede.

Erst als eine englische Mannschaft im Jahre 1899 eine österreichische mit 15:0 abfertigte, und man sich allseits wunderte, dass der unterlegene Gegner minutenlang den Ball nicht berührte, erst da erkannte man, »dass es viel leichter war, mit dem Mitspieler zusammen die Gegner in der Kombination auszuspielen und zum Torschuss zu kommen, als auf eigene Faust loszuziehen und seine Kraft in Zweikämpfen zu vergeuden«, so Trainerlegende Hennes Weisweiler.

Einen weiteren Schub erhielt das Zusammenspiel, als die Mannschaft Uruguays bei den Olympischen Spielen 1924 in Paris die Zeitgenossen verblüffte. Ohne Niederlage erkämpfte sie die Goldmedaille. Was war neu an ihnen? Die Spieler bewegten sich nicht nur, wenn sie den Ball führten, sondern sie demonstrierten erstmalig das »Spiel ohne Ball«. Sie boten sich an, wollten den Ball in den Lauf gespielt bekommen, inszenierten erstmals so etwas wie *Zusammenarbeit.*

Sie nahmen damit vorweg, was heute grundsätzlich gilt: Fußball ist fast immer ein Spiel ohne Ball. Während eines großen Teils der Spielzeit befindet sich der Ball weder bei der einen noch bei der anderen Mannschaft. Er befindet sich *zwischen* den Spielern. »Ballbesitz« ist nur eine Abstraktion. Aber auch wenn eine Mannschaft im Ballbesitz ist, führt nur ein Spieler den Ball am Fuß, für einen kurzen Augenblick. Die anderen zehn Spieler der Mannschaft haben den Ball nicht, aber sie spielen trotzdem mit; sie müssen mitdenken, mitlaufen, sich anbieten. Das gilt auch für den Torwart. Das Spiel einer Mannschaft besteht daher immer aus allen elf Spielern. Deshalb ist das Gespür für die Zusammenarbeit und die Verantwortung für das Ganze so wichtig.

Das hat sich in den letzten Jahren zugespitzt. Der Fußball ist schneller, taktischer, kollektiver geworden. Während der Ball in den eigenen Reihen bei erhöhtem Tempo kreist, sucht man die kleine Lücke, die kurzzeitige Abwehrschwäche. Dort stößt man hinein. Mehr noch: Es geht heute darum, die ganze Mannschaft Richtung Ball zu verschieben und so die Überzahl herzustellen. Dazu muss jeder Spieler zu jedem Zeitpunkt präsent sein. Artistische Einzelleistungen spielen dabei kaum mehr eine Rolle. Der große Einzelne, der nicht hundertprozentig mannschaftsdienlich spielt, gefährdet das ganze Spiel. »Niemand erreicht heute etwas, weil er glaubt, der Beste zu sein. Er braucht immer die Hilfe von anderen«, so Pelé im April 2006.

Zinédine Zidane war der erste Star der neuen Spielkultur mit den kurzen, schnellen Ballkontakten. Deshalb nahm man ihn oft über weite Strecken des Spiels kaum wahr, deshalb diskutierte man auch immer wieder seine »Führungsfähigkeiten«. Es waren nicht sein zeitweilig aufblitzendes Genie und seine überraschenden Einzelaktionen, die ihn so wertvoll machten. Er war der wertvollste »Mannschaftsspieler« im Wortsinne, eben, weil er mit und für die Mannschaft spielte.

Natürlich wussten wir schon immer: Eine Fußballmannschaft siegt oder verliert als Mannschaft. Ihr Ergebnis ist gemeinsam erarbeitet. Und noch nie ist ein Spieler alleine aufgestiegen. Aber erst die WM 2006 demonstrierte eindrucksvoll den Sieg der Mannschaft über den genialen Einzelnen, den Sieg des Spielsystems über den kreativen Zufall. Die Brasilianer waren wohl mit der größten Kollektion von Spitzenspielern angereist, die es je gegeben hat. Noch vor einigen Jahren – etwa bei der WM 1994 in den USA – genügte das, um Weltmeister zu werden. Heute nicht mehr, wie der Literaturwissenschaftler Hans Ulrich Gumbrecht bemerkt: »Das Besondere bei der WM 2006 war nicht einmal, dass Brasilien nicht gewonnen hat, sondern dass es keine zehn Minuten gab, in denen man dachte, dass sie Weltmeister werden könnten.«

Nur gemeinsam geht es, das Ganze ist mehr als die Summe seiner Teile – nirgendwo kann man das mustergültiger erleben als im Fußball. Eine Mannschaft kann nominell auf allen Positionen schlechter besetzt sein als das gegnerische Team – und sie kann dennoch gewinnen. Das, was in der Wirtschaft »Synergie« heißt, wird hier wunderbar versinnbildlicht. Womit wir bei den Unternehmen wären.

Lassen Sie uns grundsätzlich fragen: Warum gibt es überhaupt Unternehmen? Die Antwort: Es gibt Aufgaben, die man nur zusammen bewältigen kann, die den Einzelnen überfordern. Kein Zweifel, Unternehmen sind um die Idee der Zusammenarbeit herum gebaut. Zusammenarbeiten, das ist nicht nur die Addition von Einzelleistungen. Das ist Synergie, das ist das Nutzen von Pool-Ressourcen. Unterschiedliche Qualifikationen ergänzen sich, unterschiedliche Kräfte verstärken sich, unterschiedliche Rollen greifen ineinander: So entsteht Leistungspartnerschaft.

Zusammenarbeit ergibt sich aber nicht von selbst. Sie muss den Menschen und den Umständen oft mühsam abgerungen werden. In den Unternehmen stellt sich daher täglich die Frage, wie mehr Zusammenarbeit möglich ist, wie man Teamgeist erzeugt und was uns gegenseitig Rücksicht nehmen lässt. Die grundsätzlichste Antwort gibt uns die Anthropologie. Sie sagt uns: Was uns wirklich und auf natürliche Weise zusammenführt, sind gemeinsame *Probleme*. Jenseits persönlicher Verbundenheit und sexueller Attraktion haben wir eigentlich nur etwas miteinander zu tun, sofern wir gemeinsame Probleme haben. Probleme, die wir nur gemeinsam lösen können.

Das schafft Verständigung sogar unter Gegnern. In einem gemeinsamen Problem kann ich auch mit meinem stärksten Widersacher verbunden sein. Warum? Weil ich ihn *brauche*, um das Problem zu lösen. Deshalb muss ich ihn nicht mögen, aber doch so sorgsam und respektvoll mit ihm umgehen, dass ich mich nicht *selbst* schwäche. Wenn ich ihn aber nicht brauche, besteht kein Grund zusammen zu arbeiten.

Das Wort »Problem« hören Führungskräfte nicht gern. Sie sprechen lieber von »Herausforderungen«. Ja, es gibt in manchen Unternehmen ausgeprägte Sprachreinigungsbemühungen, um das scheinbar Negative des »Problems« durch das scheinbar Positive des »Ziels« zu ersetzen. Das verfehlt den Kern. Alles, was wir können, alle unsere Talente verdanken wir Problemen. Probleme, die wir auf uns selber beziehen und die uns herausfordern. Und wann fordern sie uns heraus? Wenn sie *wichtig* sind, vielleicht sogar überlebenswichtig. Wenn es uns schlecht ginge, lösten wir sie nicht. Das ist der Unterschied zu Zielen – Ziele sind meist wünschbar, aber nicht notwendig. Ein Problem mag auch ein Ziel sein, aber nicht jedes Ziel ist ein Problem. Deshalb haben viele Ziele ein Legitimitätsdefizit, das sich in mangelnder Motivation äußert. Warum sich dafür einsetzen?

Es bleibt dabei: Nur gemeinsame Probleme schaffen Teamgeist, nicht Ziele. Das kann man wiederum beim Fußball sehen: Das Fehlen der Wichtigkeit erklärt, warum so oft große Mannschaften gegen kleine Gegner verlieren. Die schlagen wir doch mit links! Wir haben die Meisterschaft ja schon in der Tasche! Wer soll uns denn noch gefährlich werden? Dann pflegt man seine Eitelkeiten, erlaubt sich Abfälligkeiten gegenüber Kollegen, Respektlosigkeiten gegenüber dem Trainer. Und verliert. Über Ziele spricht man deshalb, wenn man das Problem vergessen hat.

Es ist mithin hilfreich, sich regelmäßig über das gemeinsame Problem zu verständigen. In der Wirtschaft ist das nicht immer einfach. Aber es hat Konsequenzen: Ein Pharma-Unternehmen, das für sich »selbstständig bleiben« als Problem in einem von Firmenaufkäufen getriebenen Markt identifiziert hat, hat ein anderes Produkt-Portfolio, als eines, das maximal profitabel sein will. Und die meisten Menschen, die in den Unternehmen zur Zusammenarbeit genötigt werden, haben gar keinen Grund zusammenzuarbeiten. Weil sie kein gemeinsames Problem haben. Oder es vergessen haben.

Für eine Führung, die Zusammenarbeit ermöglichen will, ist daher die wichtigste Frage: Wie präsentiere ich ein Problem so, dass sie zur Zusammenarbeit einlädt? Das stellt gleichzeitig Fragen nach den Beziehungen, die wir um ein Problem herum aufbauen müssen, um es zu lösen. Das stellt Fragen nach Menschen, die zu echter und vertrauensvoller Zusammenarbeit bereit und in der Lage sind. Das stellt Fragen nach einem Computersystem, das als instrumentelle Plattform zum Dialog einlädt und diesen ermöglicht. Das stellt Fragen nach einer Architektur, die auf Zugangserlaubnisse, Barrieren, Würdefelder verzichtet und direkt-spontanen Kontakt ermöglicht.

Auch im Unternehmen gewinnt das »Spiel ohne Ball« die Meisterschaft. Das ist eine Sache des *mindsets*: Biete ich mich zur Zusammenarbeit an – oder sehe ich immer nur den anderen als Lieferanten, mich selbst stets als Kunden? Eine Aussage wie »Das ist nicht mein Problem!« muss abmahnungsfähig sein; das Problem eines anderen im Unternehmen ist per Definition mein Problem.

Unternehmen, das ist wie Mannschaftssport, das ist wie Fußball – das ist das Erlebnis, auf andere angewiesen zu sein, Probleme nur gemeinsam lösen zu können, gute und schlechte Zeiten miteinander durchzustehen. Oft genügen schon ein paar gute Mitspieler, um das Tor zu einer neuen Welt aufzustoßen. Und in der Mannschaft relativiert sich individuelle Unwillkommenheit.

Es wird letztlich immer geheimnisvoll bleiben, wie genau sich die Mannschaftsleistung aus der Leistung der Einzelnen speist. Aber klar ist: Langfristig, also abgesehen von einigen besonderen Spielen, entscheidet die Mannschaftsleistung über Sieg und Niederlage. Das Spiel mit Ball mag den Zweikampf entscheiden, der Torschütze mag gar ein Spiel entscheiden, das Spiel ohne Ball gewinnt die Meisterschaft.

Spitzenverdiener drücken die Teamleistung

Personalmanager und Fußballmanager stellen die gleichen Fragen: Wie setzt man ein Team optimal zusammen? Vor allem auch: Wie hoch dürfen innerhalb eines Teams die Einkommensunterschiede sein? Spickt man zum Beispiel ein Team mit hoch bezahlten Supertalenten, die die anderen anspornen? Oder sollten die Gehaltsunterschiede eher gering sein?

Das Verhältnis zwischen den Gehältern der obersten Geschäftsleitung und dem durchschnittlichen Gehalt eines Angestellten ist in Deutschland auf bis zu 1:300 gestiegen. Das heißt, ein gewöhnlicher Angestellter müsste etwa 300 Jahre arbeiten, um auf das Jahresgehalt seines Topmanagers zu kommen. Dagegen formiert sich Protest, der in Deutschland gern mit dem Neidargument abgetan wird. Ja, Deutschland ist eine Neidgesellschaft. Aber wenn es um Maß und Angemessenheit geht, dann kann man durchaus rationale Konsequenzen erwägen – Konsequenzen für die Teamleistung zum Beispiel.

Wie viel zuviel ist, hängt zunächst ab von den Wertvorstellungen einer Kultur. Ein Gehalt kann in einem Land akzeptabel sein und in einem anderen nicht. So wie der schwedische Trainer der schwedischen Nationalmannschaft bei der WM 2006 dem schwedischen Trainer der englischen Nationalmannschaft vorwarf, ein obszön hohes Gehalt zu beziehen. Der ukrainische Nationalcoach Oleg Blochin, der ehrenamtlich arbeitete, sah dabei wahrscheinlich betreten zur Seite. Unternehmen sind, auch wenn sie global agieren, Unternehmen *an Orten*. Und damit in Kultur, Tradition und Herkunft eingelassen. Man muss sich also auf die Gerechtigkeitsvorstellungen der jeweiligen Kultur einstellen.

Nun gibt es ja die Auffassung, ein extrem hohes Einkommen sei fair, weil es auf den Einfluss eines Vorstands zurückzuführen sei, dass sich das Unternehmen so gut entwickelt hat. Das Argument ist nicht völlig von der Hand zu weisen. Aber es unterstellt, dass es eine sehr enge Kausalbeziehung zwischen der Tätigkeit des Vorstands und dem Geschäftserfolg gibt. Sowohl Augenschein wie Wissenschaft belegen aber nur einen schwachen Zusammenhang. Dass die Kursentwicklung »gestaltbar« ist, weiß jedes Kind. Und zu gewissen Zeiten könnte man auch einen Debilen zum Vorstandsvorsitzenden machen – die Aktien stiegen trotzdem. Zudem unterstellt dieses Argument, Erfolg würde solitär erwirtschaftet, als einsamer Kampf eines Einzelnen. Erfolg wird im Unternehmen aber arbeitsteilig erwirtschaftet, in Teamarbeit, horizontal und vertikal. Natürlich gibt es unterschiedliche Beiträge, die auch unterschiedlich zu bezahlen sind. Aber kein Mensch kann ernsthaft behaupten, dass ein Manager mehr Werte schöpft als 100, 200 oder 300 Familienväter. Auch in diesem Zusammenhang gilt: Das Unternehmen ist eine Leistungspartnerschaft, die um die zentrale Idee der Zusammenarbeit herum gebaut wird. Wenn wir gut gearbeitet haben, dann haben wir alle gut gearbeitet. Wir müssen also die Frage ernsthaft diskutieren: Wie ist die gemeinsame Wertschöpfung fair auf all jene zu verteilen, die beigetragen haben?

Auch im Fußball ist der individuelle Beitrag zum Spielergebnis nur schwer feststellbar. Und wenn die Einkünfte extrem ungleich verteilt sind, dann wird es schwierig. Denn eine Mannschaft ist nur erfolgreich, wenn die Spieler die Meisterschaft als ihr gemeinsames Problem sehen und entsprechend kooperieren. Und dieser Zwang zur Zusammenarbeit ist in Zeiten des Systemfußballs noch einmal drängender geworden. Wird aber der Abstand zu den Stars im Team zu groß, spielen mittelmäßige Spieler – ohne die eben auch keine Mannschaft gewinnt – weniger mannschaftsdienlich.

Diese alltagsplausiblen Überlegungen werden nun von einer Studie des Institute for Empirical Research an der Universität Zürich wissenschaftlich gestützt. Dessen Studienleiter Bruno S. Frey hat herausgefunden, dass die Teamleistung abnimmt, wenn die Einkommensunterschiede innerhalb der Klubs stark wachsen. Frey hat die Daten von 1 100 Spielern der deutschen Bundesliga in fast 2 000 Begegnungen zwischen 1995 und 2004 verglichen. Das Ergebnis: Je größer die Einkommensunterschiede im Team, desto geringer die durchschnittliche Leistung der einzelnen Spieler: »Wer im Team deutlich weniger verdient als andere, findet seine Leistung nicht ausreichend gewürdigt und ist weniger motiviert.« Gleichzeitig sinkt bei großem Einkommensgefälle auch die Leistung der Top-Talente. »Diesen macht der Neid der anderen zu schaffen.« Deshalb kämen High-Performer eher in leistungs- und einkommensähnlichen Teams zur Geltung.

Extreme Gehaltsunterschiede zerstören Zusammenarbeit.

Dazu passt die Begründung von HSV-Sportdirektor Dietmar Beiersdorfer, warum die Bundesliga im internationalen Transfermarkt häufig nicht wettbewerbsfähig und -willig ist: »Es gibt keine Transferkultur zwischen Italien und Deutschland. Das Ganze spielt sich in einer völlig anderen Größenordnung ab. Diese Spieler verdienen im Jahr mindestens 10 Millionen Euro brutto. Bei fast allen Bundesligisten sind solche Transfers wirtschaftlich nicht vertretbar. Auch bei uns nicht. Das würde unser Gehaltsgefüge und unsere Balance zerstören.« Ein gutes Management, das dies verstanden hat, wird deshalb die Gehälter der mittelmäßigen Spieler anheben oder aber Stars an andere Vereine abgeben. Uli Hoeneß hat damit den Verzicht auf Michael Ballack 2006 begründet.

Wenn wir die Idee der Zusammenarbeit ernst nehmen, müssen wir die Teamleistung unterstützen, und nicht den individuellen Erfolg. Dass gute Leute dann möglicherweise woanders hingehen, weil sie dort doch mehr verdienen, muss kein Nachteil sein, wie Ralph Shrader, der Vorstandschef der Unternehmensberatung Booz Allen Hamilton darlegt: »Wenn Sie Leute meinen, die nur auf individuellen Erfolg aus sind, dann haben Sie recht. Das stört mich aber überhaupt nicht. Auf die kann ich gut verzichten.«

Man muss sich den symbolischen Überhang von Managemententscheidungen immer wieder bewusst machen: Jede Entscheidung sagt auch immer etwas aus über die wünschenswerte Weise der Zusammenarbeit. Extreme Einkommensunterschiede innerhalb einer Mannschaft unterstreichen das hierarchische Prinzip, den Vorrang des Einzelnen vor dem Ensemble. Was das bedeutet, hat man sich bei Real Madrid über viele Jahre anschauen können.

Bezogen auf Spielergehälter aber gilt die goldene Regel: Manager sollte man einkaufen zu dem Preis, den sie wert sind – und gehen lassen zu dem Preis, von dem sie denken, dass sie ihn wert sind.

Teamgeist nicht nur fordern, sondern mit Regeln fördern

Vor einigen Jahren entschied man beim Caribbean Cup, dass ein Spiel, das mit »Golden Goal« in der Verlängerung gewonnen würde, wie ein 2:0-Sieg zu werten sei. Im letzten Gruppenspiel musste nun Barbados mit mindestens zwei Toren Unterschied gegen Grenada gewinnen, um das Finale zu erreichen. Sonst wäre Grenada im Finale. Barbados führte lange 2:0, was ja zum Weiterkommen gereicht hätte. Drei Minuten vor Schluss aber verkürzte Grenada auf 2:1, was wiederum Grenada das Weiterkommen gesichert hätte. Barbados hätte nun noch ein weiteres Tor erzielen müssen, um weiterzukommen – unwahrscheinlich in drei Minuten. Was taten die Spieler? (Na, kommen Sie drauf?) Barbados musste ja in die Verlängerung kommen. Also taten die Spieler das einzig Richtige: Sie schossen ein Eigentor. Nun stand es 2:2, es ging in die Verlängerung und dort hätte ein Golden Goal wie ein 2:0 gezählt – Barbados wäre weiter. Den Spielern Grenadas schwante, dass sie nun in derselben Situation waren, wie zuvor Barbados: Sie brauchten ein Eigentor vor dem Schlusspfiff, um mit einer 3:2-Niederlage weiterzukommen. Doch die Barbados-Spieler dachten mit – mit allen Mann verteidigten sie das Grenada-Tor gegen das Eigentor! Und schafften es. Barbados rettete das Unentschieden über die reguläre Spielzeit, erzielte prompt das Golden Goal und zog in das Finale ein.

Das ist sicher ein bizarres Beispiel, aber es verweist darauf, dass menschliches Verhalten sich aus zwei Quellen speist. Sicherlich einmal aus jener, die man gemeinhin »Charakter« nennt und die von der persönlichen Geschichte des Einzelnen geprägt ist. Hinzu kommt aber das Umfeld, die institutionellen Bedingungen, die Systeme, Strukturen und Regeln, nach denen Menschen leben und arbeiten.

Oft werden in Unternehmen mit allen möglichen Parolen bestimmte Verhaltensweisen (Kundenorientierung, internes Unternehmertum et cetera) gefordert, ohne dass die strukturgebenden *hard facts* verändert werden. Sie sprechen oft eine völlig andere Sprache. Und Menschen verhalten sich immer auf natürliche Weise sinnvoll innerhalb gewisser Rahmenbedingungen.

Das gilt auch für Teamgeist. Im Fußball war die Abseitsregel elementar für die Entwicklung mannschaftlichen Zusammenspiels. Früher galt als Regel, dass der Ball nur nach hinten gepasst werden durfte. Anders ausgedrückt: kein eigener Spieler durfte vor dem passenden Spieler stehen – er wäre sonst abseits. Dadurch war ein Kombinationsspiel im Grunde unmöglich. Das Spiel war ein wildes Drauflosschlagen des Balles und ein planloses Hinterhergestürme der gesamten Mannschaft, ähnlich dem Klumpenfußball, den wir als Achtjährige gespielt haben. 1866 und dann wieder 1925 wurde die Regel verändert: Danach befindet sich ein Spieler in einer Abseitsstellung, wenn im Moment der Ballabgabe weniger als zwei Gegner zwischen ihm und der gegnerischen Torauslinie stehen. Dadurch wandelte sich das Spiel. Fußball wurde ein Kombinationsspiel und damit ein echtes Mannschaftsspiel. Individuelles verband sich nun mit Gemeinschaftlichem: Es wurde zielführend, den besserstehenden Mann anzuspielen.

Sporthistorisch lässt sich also schön zeigen, wie wichtig Regeln für das Zusammenarbeiten sind. Natürlich, es gibt auch im Fußball immer noch die großen Egos, die am liebsten alles alleine machen würden. Aber ihr Egoismus kann durch kluge Spielregeln gezügelt werden.

Das scheinen manche Trainer allerdings kaum zu beachten: Da wird zwar zu mehr mannschaftsdienlichem Spiel aufgefordert, der Teamgeist beschworen, und dann kommt die 89. Minute, es steht Null zu Eins, man bäumt sich gemeinsam gegen die drohende

Niederlage auf, ein letzter Angriff, ein Stürmer hat auf halbrechts den Ball, stürmt auf den gegnerischen Strafraum zu, der entgegenlaufende Verteidiger rutscht auf dem regenschweren Boden aus, der Stürmer hat nur noch den gegnerischen Torwart vor sich, der stürmt ihm entgegen, verkürzt den Winkel, der Stürmer sieht im Augenwinkel links den mitgelaufenen und völlig freien Mitspieler fuchteln und den Ball fordern, er zögert einen Moment – und zieht selber ab, direkt in die Arme des herausgelaufenen Torwarts. Ein Aufschrei des Entsetzens. Vor allem der Trainer an der Seitenauslinie dreht fast durch – dabei hatte er nach einer Niederlagenserie eine hohe Torprämie ausgelobt.

Kann man den Stürmer dafür tadeln, dass er auf den Anreiz seines Trainers reagiert? Wenn individuelles Wollen und System gegeneinander stoßen, gewinnt im Regelfall das System. Wer da die falschen Signale setzt, verleitet zum Egoismus, zum Niedergang der Mannschaft. Und wenn es die Spielregeln ermöglichen, dass es einem Spieler gut geht, obwohl es der Mannschaft schlecht geht, darf man sich über egoistisches Verhalten nicht wundern.

Individuell zugespitzte Boni und Incentives haben genau diesen Effekt: Sie belohnen die Einzelleistung und unterlaufen das Kooperationsklima. Wer Torprämien verteilt, muss sich nicht wundern, dass der besser postierte Mitspieler »übersehen« wird. Wer hingegen Zusammenarbeit will, der muss Strukturen verändern. Der muss die Systeme auf den gemeinsamen Erfolg umstellen.

Ob also Zusammenarbeit überwiegt, hängt vorrangig an der Qualität der Regeln: Welche Ziele sind vereinbart? Wie sind die Belohnungsstrukturen? Was wird als Leistung gewertet und was nicht?

Auch ein Unternehmen ist ja um die Idee der Zusammenarbeit herum gebaut, nicht um die Addition von Einzelleistung. Und genau dieser Kern des Unternehmens wird oft mit Füßen getreten. So ist es in den Unternehmen üblich geworden, Leistungen zu isolieren und einzelnen Personen zuzurechnen. »Sei teamfähig!«, heißt es zwar – aber belohnt wird indivi-

Wer Zusammenarbeit will, muss Strukturen auf gemeinsamen Erfolg umstellen.

duelle Leistung. Die Entgeltsysteme sind nach wie vor vorrangig an Einzelergebnissen ausgerichtet.

Dafür hat man gute Gründe: Man will vermeiden, dass die Leistungen des Einzelnen im Großen und Ganzen versickern. Im Einzelfall will man auch Schwachleistung diagnostizieren, Schuld zuweisen und die Schlechten bestrafen. Das alles ist verständlich. Aber es hat den Effekt, dass die Idee des Gemeinsamen, des Miteinanders geschwächt wird.

Die individuelle Zurechenbarkeit von Erfolg und Leistung aber ist auf allen Märkten heute höchst problematisch. Außerdem verspannt sich das Kooperationsklima, wenn Sie die Mitglieder einer Prozesskette über die Bezahlungssysteme zu Konkurrenten machen. Im Zeitalter der Teams und Netzwerke gilt mithin mehr und mehr: Wenn wir gut gearbeitet haben, dann haben wir alle gut gearbeitet. Innendienst und Außendienst. Dann hat jeder, der im Unternehmen mitarbeitet, seinen Beitrag geleistet. Ich kann nicht einerseits den Teamgeist beschwören, aber bei der Bezahlung den Einzelkämpfer fördern.

Das Entlohnungssystem ist daher der Prüfstein für die Glaubwürdigkeit der Unternehmensleitung in ihrem Engagement für die Teamidee. Eine allgemeine Beteiligung am Unternehmensergebnis ist eine praktikable Möglichkeit – eine Beteiligung, die das Unternehmen, als Partnerschaft in Plus und Minus erlebbar macht.

Wer Einzelleistungen belohnt, wird Einzelleistungen bekommen. Deshalb ist das »Miteinander« nicht nur zu fordern, sondern auch *strukturell* zu stärken. Dies vor allem deshalb, weil die meisten Unternehmen von Männern dominiert werden und diese häufig ausgesprochen kompetitiv veranlagt sind. Was man also vom Fußball lernen kann: Wenn Sie Mannschaftsleistung wollen, dann müssen Sie die Mannschaftsleistung belohnen, mindestens *betonen* – eben das Unternehmen als Solidargemeinschaft abbilden. Alles andere macht die Menschen zynisch. Und wenn Zynismus enttäuschte Liebe ist, dann sind es nicht die schlechtesten Mitarbeiter, die bitter werden.

Fankurve

Regeln erhalten die Spannung

In den Frühformen des Fußballs durften die Spieler auch die Hände gebrauchen, später nur noch der Torwart, dann, seit 1912, nur noch der Torwart im eigenen Strafraum. Warum diese Einschränkungen? Warum ist ein Fußballtor 2,44 Meter hoch und 7,32 Meter breit? Warum hat eine Mannschaft elf Spieler – und nicht etwa 15? Wie kam man auf die Größe des Spielfeldes? Und warum ist die neue Rückpassregel eingeführt worden?

Erst Regeln *ermöglichen* das Spiel. Freiheitseinschränkung ist mithin Voraussetzung für das Spiel, sonst findet es einfach nicht statt.

Wenn wir dem Fußball großen Einfluss auf die mentale Verfasstheit junger Menschen, vor allem junger Männer einräumen, dann ist Respekt vor Regeln mit Blick auf die Kriminalitätsstatistik wichtig. Die Achtung vor Regeln wird in der Schule selten und im Sportverein nie positiv beigebracht, sondern vorrangig negativ. Durch Sanktionen. Sie gelten als Einschränkung der individuellen Entfaltungsmöglichkeit und sollten möglichst geschickt umgangen werden. Dass Regeln das Spiel erst ermöglichen, dass das Spiel zu Ende ist, wenn die Regeln nicht mehr gelten – das scheint mir ein noch ungehobener Bildungsschatz zu sein.

Aber Regeln fallen nicht vom Himmel. Sie ergeben sich in einem mehr oder weniger langen Suchprozess durch Versuch und Irrtum. Woran orientiert sich das Ausprobieren? Daran, ob das Spiel Spaß macht, ob Zuschauer kommen, ob es *spannend* ist. Spannung ist die regulative Idee des Fußballspiels. Allein schon die freiwillige Selbsterschwerung des Spiels mit dem ungeschickten Fuß macht das Spiel spannender im Vergleich zu anderen Ballsportarten, die das geübte Kontrollorgan der Hand nutzen.

Wichtig ist: Regeln sind nicht gut oder schlecht – sie müssen nur die Spannung erhalten. Konkret auf den Fußball bezogen heißt das: Angriff und Verteidigung müssen *balanciert* werden, ihre Erfolgswahrscheinlichkeit muss etwa gleich groß sein. Wenn wir zum Beispiel fragen, warum ist das Tor nicht doppelt so breit oder – andersherum – nur halb so breit? Nun, wäre das Tor größer, würden viele Tore fallen; ein einzelnes Tor wäre nicht so wichtig und deshalb auch nicht so aufregend. Wäre es kleiner, würden sehr wenig Tore fallen; ein einziges Tor wäre kaum noch aufzuholen. Beides würde das Spiel langweilig machen.

Dasselbe beim Strafstoß: Warum wird der ausgerechnet aus 11 Metern Entfernung getreten, und nicht etwa aus 12? Weil man seit etwa 100 Jahren weiß, dass bei der gegebenen Torgröße zwischen 70 und 80 Prozent aller Strafstöße verwandelt werden. Aber eben nicht 100 Prozent! Ein Foul im Strafraum wird geahndet und die Wahrscheinlichkeit des Torerfolgs ist groß. Aber nicht sicher. Genauso, wie wir ja auch nicht sicher sein können, dass der gefoulte Spieler tatsächlich getroffen hätte. So bleibt es spannend.

Warum aber hat man die Regeln so gesetzt, dass sehr wenig Tore fallen – im Vergleich zum Handball beispielsweise? Auch das hat mit Spannung zu tun. Denn je weniger Tore fallen, desto mehr hat die schwächere Mannschaft die Chance auf einen Überraschungssieg. Desto höher auch die Wahrscheinlichkeit für ein Unentschieden (im Profifußball etwa jedes vierte Spiel). Deshalb wählen schwächere Mannschaften oft eine defensive Taktik, versuchen eher Tore des Gegners zu verhindern, als selbst Tore zu erzielen. Und wie oft hat schon eine überlegen spielende Mannschaft verloren, weil der schwächeren Mannschaft nach langem »Mauern« doch ein Glückstor gelang! Der Reiz des Fußballs liegt gerade in dieser Möglichkeit, die das Spiel bis zum Abpfiff spannend macht. Und die wiegt schwerer als die vermeintliche Ungerechtigkeit, die darin für die eigentlich stärkere Mannschaft liegt. Je unberechenbarer und je spannender, desto motivierter sind alle Beteiligten.

Spannung ist auch die regulative Idee im Unternehmen. Auch innerhalb des Unternehmens gibt es unterschiedliche Rollen und Aufgaben, die respektiert werden müssen, will man zusammen spielen: Zentrale und Filiale, Vertrieb und Produktion, Kostenrechnung und Marketing. Auch die Interessen dieser Teilsysteme müssen ausbalanciert werden. Eine Spielregel mag dabei aus Sicht der Reisekostenabteilung sinnvoll und notwendig sein, sie ist es hingegen nicht aus Sicht des Verkäufers, der sich ihr beugen muss. Da stöhnt der eine unter den Vorgaben des anderen und umgekehrt.

Aber noch einmal: Regeln sind nicht gut oder schlecht – das mögen sie aus der Sicht des Einzelnen sein. Ihr Sinn ist übergeordnet: Es geht um den Ausgleich verschiedener Interessen, die Balance unterschiedlicher Werte und die Begrenzung von Macht. Wenn sie funktionieren, dann werden Regeln allen Unternehmensteilen gerecht. Dann bleiben die Leute im Spiel, weil es eben spannend ist. Eskaliert man jedoch zu sehr auf eine Seite, hat zum Beispiel die Produktion zu sehr die Oberhand, verliert der Vertrieb die Lust. Es macht dann einfach »keinen Spaß mehr«. Aber der Vertrieb muss auch die Bedürfnisse der Produktion oder des Controllings berücksichtigen. Man kann einem Kontrolleur nicht sagen, dass er nicht kontrollieren soll! Man kann natürlich die Torbreite von 7,32 Metern als völlig unzulässige Einschränkung der persönlichen Handlungsfreiheit erleben – aber dann sollte man bei einer Thekenmannschaft auf der Bolzwiese anheuern.

Wenn man es aber mit der Regulierung übertreibt, wenn man jedes Gestaltungsproblem mit einer Richtlinie erschlägt, dann wird Unternehmertum zum Kampf gegen interne Widerstände. Denn warum gibt es diese ausgeprägte Konzernmüdigkeit unter den wirklich guten Leuten? Warum bevorzugen sie kleinere, wendigere, dynamischere Unternehmen? Es ist der gleiche Grund, warum die Leute zum Fußball gehen: Fußball ist unter den großen Sportspielen nicht zuletzt deshalb so populär, weil er deutlich weniger

Regeln hat als viele andere Mannschaftssportarten. Das Attraktive des Fußballs ist das Unverregelte, der Freiraum, wenn Sie so wollen: das Unternehmerische.

Die zentrale Frage des Profifußballs lautet daher: »Was kann man tun, um den Zufallsreiz des Fußballspiels zu erhalten, ihn also spannend zu halten, und andererseits allzu große Unwägbarkeiten auszuschalten, ihn also planbar zu machen?« Genau diese Frage stellt sich auch die Unternehmensführung. Wie kann es gelingen, das Leben im Unternehmen spannend zu halten, sodass die Menschen morgens gerne kommen und das Unternehmen trotzdem prognostizierbar und sicher zu steuern ist? Einerseits versuchen die Unternehmen, die Motivation ihrer Mitarbeiter hoch zu halten. Was schwierig ist, wenn gleichzeitig die Kontrollorgane wuchern, man alles und jedes berechnen will, die Märkte planen, den Umsatz voraussagen, den Zufall besiegen will. Wer sich aber nur als Glied einer durchgeplanten, reibungslos ablaufenden Prozesskette erlebt, wer nur noch seine Routine abfackelt, der ist nicht mehr mit ganzem Herzen dabei. Je berechenbarer, desto langweiliger. Gift für die Motivation.

Spannung und Kontrolle lassen sich nicht gleichzeitig maximieren.

Spannung und Kontrolle lassen sich nicht gleichzeitig maximieren. Ein Preis ist fällig. Hier ist also wieder eine Balance-Entscheidung zu fällen. Und immer wieder neu zu fällen. Wenigstens das ist klar: Übertreibt man es in Sachen Sicherheit, stirbt die Spannung und mit ihr die Motivation. Und neigt man zu sehr in Richtung Risiko, ist das Unternehmen nicht kapitalmarkttauglich.

»Wie furchtbar«, sagen nun viele Manager, die als Apostel der Sicherheit eben nicht das unternehmerische Wagnis, sondern den möglichst regelhaften Ablauf wollen. Sie bedauern die Regelungslücken, die unvermeidbar entstehen und offensichtlich ein unstillbares Bedürfnis auslösen, auch sie noch zu schließen. Aber muss man immer alles bis ins kleinste Detail regeln? Man könnte auch vertrauen. Vertrauen, dass die Menschen in die Verantwortung gehen, wenn sie gefordert werden. Vertrauen, dass die meisten Mitarbeiter konstruktiv und loyal »reparieren«, was sich nicht zentral steuern lässt. Vertrauen, dass die Menschen sinnvolle Lösungen »vor Ort« finden – wie beim Endspiel der Fußballweltmeisterschaften 1930: Da forderten sowohl die Argentinier wie die Uruguayer, dass mit ihrem eigenem Ball gespielt werde – so unterschiedlich waren sie noch. Der Schiedsrichter entschied salomonisch, dass in der ersten Halbzeit mit dem argentinischen Ball und in der zweiten mit dem uruguayischen Ball gespielt werde. Warum eigentlich nicht?

Angriff ist die beste Verteidigung

Als die Italiener unter Helenio Herrera in den 60er Jahren den »Catenaccio«, den italienischen Riegel, einführten, wurde das Prinzip »hinten dicht« schnell als Erfolgsrezept angesehen und weltweit übernommen. Herrera ging es kompromisslos nur um eines: zu Null spielen. Erfolg war das unbedingte Ziel, nicht Schönheit – dem hatte sich alles unterzuordnen. Herrera hatte früher als andere erkannt, dass Fußball vor allem ein Geschäft geworden war. »Geschwätz« nannte er alles Reden über Schönspielerei und begeisternden, offensiven Fußball. Er wurde mit Inter Mailand und dieser Spielweise dreimal italienischer Meister und zweimal Europapokalsieger der Landesmeister.

»Der Angriff gewinnt das Spiel, die Verteidigung die Meisterschaft.« So lautet eine der ewigen Fußballweisheiten. Das soll heißen: Mit Hurra-Fußball mag man begeisternde Derbys spielen, aber langfristig gewinnt die erfolgreiche Abwehr. Das Torverhältnis zählt! Auf Unternehmen angewendet etwa: Die Umsatzrendite zählt! Verkaufen, Umsatz machen und Investieren ist prima, aber wenn Sie langfristig Erfolg haben wollen, müssen Sie Ihre Kosten im Griff haben – sprich: Gegentore verhindern.

Aber dabei kann man auch zu weit gehen. Wie das Essener Fußball-Unikum Willi »Ente« Lippens jüngst meinte: »Heute kannst du das Tor am Anfang eine halbe Stunde abbauen. Das merkt keiner.« Im Fall Trapattoni, der dem FC Bayern einen von Sicherheit geprägten Ergebnisfußball verordnete, waren es die Fans bald leid. Die großen internationalen Erfolge blieben aus, Trapattoni musste gehen – und nur seine Persönlichkeit verhinderte, dass man sich mit Schimpf und Schande trennte. Dennoch hielt man in Deutschland lange Zeit an der Idee fest, das Tor zu verteidigen, statt *Druck auf den Ballführenden auszuüben*. Ein gravierender Unterschied! Der auch für die Wirtschaft gilt: Natürlich muss man verteidigen, aber *vorne*, beim Kunden, nicht (nur) hinten, bei den Kosten. Jürgen Klinsmann ließ erstmals offensiv spielen und auch offensiv verteidigen – etwas, das bis dahin nicht zur Fußballkultur der Deutschen gehört hatte.

Auch viele Unternehmen übertreiben es mit der Kostenvernichtung. Dort verspürt man kaum noch eine offensive, nach vorne stürmende Energie. Alles wirkt gedrückt, defensiv, Schlimmeres verhindernd. Wer aber nur auf die Kosten schaut, wird zu einem passiven Verwalter des Status quo, verabschiedet sich von der Zukunft. Er bleibt misstrauisch in Deckung, igelt sich ein, hat sich abgefunden. Er hat einkalkuliert, dass nichts passiert – und gibt sich der Hoffnung hin. Das gilt vor allem in konjunkturell schlechten Zeiten, aber auch bei Unternehmensbereichen, die man nicht entwickeln will, von denen man sich aber nicht zu trennen wagt.

Der Appell »Kosten runter« aber ist vor allem das Eingeständnis der Schwäche gegen spielerisch stärkere Mannschaften. Mit einer solchen Einstellung geht man zögerlich in ein Spiel hinein, wo man eigentlich Wagemut bräuchte. Damit impft man dem Unternehmen einen strukturellen Pessimismus ein, der für die Zukunft nichts Gutes erwarten lässt. So entwickelt sich eine Mentalität, die in der Tabelle lieber nach unten schaut als nach oben. Man will ja hübsch bescheiden bleiben, man will ja nicht enttäuscht werden, man will zwar nicht unbedingt gewinnen, aber wenigstens nicht mehr verlieren.

Nun kann jeder Praktiker bis zu einem gewissen Grad verstehen, warum Manager manchmal defensiv spielen. Manager sind oft in einer Zwickmühle: Sie verwalten das Geld anderer Leute. Während ein Eigentümer-Unternehmer eben sein eigenes Geld ausgibt und insofern auch risikofreudiger sein kann, müssen Manager ihre Kosten rechtfertigen. Also tut man genau das, was sich rechtfertigen lässt. Aber es wäre oft wesentlich besser, genau das Gegenteil zu tun: Darauf zu vertrauen, dass die Mitarbeiter selbst wissen, was in einer solchen Situation zu tun ist.

Jürgen Gallmann, der Deutschland-Chef von Microsoft, hat früher selbst professionell Fußball gespielt. Er hat vom Fußball gelernt, »dass Angriff die beste Verteidigung ist.« Schon Sepp Herberger hätte dem zugestimmt: »Wir waren so erfolgreich, weil wir halt immer ein Tor mehr geschossen haben als die anderen.« So einfach ist Fußball. Ist doch egal, wie viele die uns hinten reintun, wir schießen vorne eben eins mehr!

Das gilt insbesondere für Marktführer. In einer normalen Liga verhalten sich nämlich die Torraten der stärksten Mannschaften zu denen der schwächsten Mannschaften wie 7:3. Daraus lässt sich die Siegeswahrscheinlichkeit der Teams gegeneinander berechnen. Die Wahrscheinlichkeit eines Sieges für die schwächere Mannschaft wird bei mehreren Toren immer geringer. Anders gewendet: Je mehr Tore fallen, desto höher die Siegeswahrscheinlichkeit des Stärkeren. Als *Marktführer* also sollte man aggressiv nach vorne spielen, und nicht vorrangig auf die Kosten schauen.

Die ewigen Polarisierer fragen nun sicher: »Wie bitte, soll ich denn gar nicht mehr auf die Kosten achten?« Ach je. Natürlich ist es wichtig, auf die Kosten zu achten. Das ist und bleibt normales Handwerk. Vor allem, wenn man den Kostenapparat vorher ungebührlich aufgeblasen hat.

Wer aber in einer Krise Gegenkräfte aktivieren will, der muss Freiräume offenhalten. Mitarbeiter erleben häufig, dass Kosten (und das heißt häufig: Personal) als die einzige Stellschraube betrachtet werden, an der Manager herumdrehen. Zweifellos ist solches Verhalten betriebswirtschaftlich begründungsfähig. Aber die Unternehmen schaden sich selbst. Die Logik der Entlassungen will die Probleme durch Verzicht auf genau jene Ressourcen lösen, *durch* die sie oft nur gelöst werden können. Das mag kurzfristig lindern, langfristig erzeugt es genau die Probleme, die es nachher beklagt. Denn Kapital wird weniger durch Ertragskraft angezogen, als durch Innovationskraft, durch die optimistische Prognose von Ertrag. Innovationskraft aber wird mit Verschlanken, Sparen, Gürtel-enger-schnallen gerade nicht erzeugt, sondern zerstört.

Werder Bremen spielt sehr guten Fußball und ist allseits beliebt: Ohne Getöse hat man sich zur nationalen Spitze vorgearbeitet und ist ständiger Teilnehmer der Champions League. Aber wenn es ums Ganze geht, dann versagen sie. In der letzten Saison warfen sie dem VfB Stuttgart den Titel hinterher. Und dann die permanente Havarie auf europäischen Hochplateaus: Barcelona, Turin, Lyon – für alle war Bremen ein sicherer Lieferant von Vorrundenpunkten. Warum? Eine Antwort lautet: Bremen wird so kostenbewusst geführt, dass es über keine international wettbewerbsfähige Reservebank verfügt. Verletzungssorgen werden so zu Bedrohungen. Wenn man aber das Große will, dann darf man nicht *zu* schlank sein, dann ist etwas luxurierender Überfluss notwendig. Das heißt: Investiere in Leute, auch wenn kein aktueller Bedarf da ist. Sonst muss man zu oft auf »Halten« spielen.

Kurzsichtigkeit – ein Turnier ist nicht die Liga

Die Mannschaft, die Weltmeister wird, ist nicht notwendigerweise die weltbeste Mannschaft. Sie war die beste Mannschaft des Turniers – wo vieles unberechenbar ist, zufällig, abhängig von den Wechselfällen des Glücks. Das Turnier ist daher das Symbol der *Kurzfristigkeit.* Symbol der *Langfristigkeit* ist die Liga. Die Mannschaft, die Meister wird, hat das eine oder andere Spiel verloren, hat aber über einen längeren Zeitraum erfolgreicher gespielt als alle anderen.

Allerdings werden die Fristen für die Trainer auch in den Ligen immer kürzer. Bernd Schuster wurde im Sommer 2007 Real Madrids achter Trainer in 48 Monaten. Und gerade mal 7 Monate dauerte das Gastspiel Giovanni Trapattonis beim VfB Stuttgart 2005 – eines der größten Missverständnisse der Bundesligageschichte. Mit Kuranyi, Lahm und Hleb hatte der Verein wichtige Teile eines gesunden Gefüges verloren und viele neue Spieler hinzugefügt, die erst integriert werden mussten. Mindestens ein Jahr hätte man der neuen Zusammenarbeit einräumen müssen – trotzdem hielt man am hohen Saisonziel fest. Doch bis ein Rädchen ins andere greift, bis eine Mannschaft als Mannschaft spielt – das braucht Zeit. Und die gab man Trapattoni nicht.

In der Wirtschaft gelten Liga-Ergebnisse. Selbst wenn man eingesteht, dass die kurzfristigen Renditeerwartungen der Kapitalmärkte den Abstand zum Turnier verkürzt haben, so wird man doch zugestehen müssen, dass die Beharrungskräfte von Organisationen immens sind. Selbst wenn man gehörig Tempo macht – sehr schnell ist da nichts zu erwarten, was ein wenig Bestand haben soll. Wirklich nachhaltige Ertragskraft braucht ihre Zeit.

Aber ebenso wie in den oben geschilderten Fußballbeispielen ist Kurzsichtigkeit in der Wirtschaft eine weit verbreitete Krankheit. Auch in den Unternehmen gibt man Menschen und Produkten kaum mehr die Chance auf langsame Entfaltung. Beharrliches Arbeiten am Erfolg ist selten geworden. Und eigentlich nur noch von Eigentümer-Unternehmern erwartbar.

Sich gegen Kurzsichtigkeit durchzusetzen ist daher nur etwas für starke Führungskräfte. Sie können aber von ihren Mitarbeitern Unterstützung erfahren, wenn diese spüren, dass es ihnen ohne grundlegende Strukturänderungen früher oder später wesentlich schlechter gehen würde. Nur wenn in weiten Teilen der Mitarbeiterschaft die Überzeugung wächst, dass die Kosten einer Reformverzögerung in der Zukunft höher sind als die Kosten der Veränderung jetzt, dann sind sie dabei. Dafür muss es aber erst einmal den Willen zu einer gemeinsamen Zukunft geben! Nur mit diesem Willen kann man eine Identität aufbauen, wie das Arsène Wenger mit Arsenal London schuf, Frank Rijkaard in Barcelona, Juande Ramos in Sevilla oder Alex Ferguson in Manchester.

Nichts was bleiben soll, kommt schnell.

Diesen Willen hat auch der FC Bayern immer wieder gezeigt. Als die Bundesliga 1963 begann, besuchten Präsident Wilhelm Neudecker und Manager Robert Schwan den 1. FC Köln, um sich über Vereinsstrukturen, Trainingsplätze und Strategien zu informieren. Seitdem sind die Bayern ein Paradebeispiel für Erfolg durch Kontinuität. Schwans Nachfolger Uli Hoeneß ist seit 1979 im Amt, der kaufmännische Geschäftsführer Karl Hopfner seit 1983. Der heutige Vorstandsvorsitzende Karl-Heinz Rummenigge kam 1974 nach München und beerbte 2002 Franz Beckenbauer, der nun dem Aufsichtsrat vorsteht. Mit Raimond Aumann, Hansi Pflügler, Wolfgang Dremmler, Paul Breitner, Sepp Maier und Gerd Müller arbeiten ehemalige Weltmeister und Vize-Weltmeister zum

Teil seit Jahrzehnten im Hintergrund. Der Erfolg kann sich sehen lassen: Bis heute sind 20 Meistertitel, 13 Pokalsiege, drei Europapokal-Siege, ein Champions-League-Triumph und zwei Weltpokale zusammengekommen. Habe ich richtig gezählt?

Zahlen sind nicht alles

Über Fußballer ist oft und gerne gelacht worden. Zum Beispiel über Trainer Fritz Langners »Ihr fünf spielt vier gegen drei.« Wie wohl die Spieler das Problem gelöst haben? Oder Trainer Aleksandar Ristics tiefsinnige Einsicht »Wenn man ein 0:2 kassiert, dann ist ein 0:0 nicht mehr möglich.« Da mag man kaum widersprechen. Oder Roland Wohlfahrt: »Zwei Chancen, ein Tor – das nenne ich hundertprozentige Chancenauswertung.« Legendär auch die Forderung Horst Szymaniaks: »Ein Drittel mehr Geld? Nee, ich will mindestens ein Viertel!« Fußballer tun sich halt manchmal schwer mit dem Zählen und Messen. Wer Fußball nur als ästhetisches Vergnügen beschreibt, als Schönheit in Bewegung oder als Emotion und reine Gegenwart, der unterschlägt die Bedeutung von Zahlen. Gerade jene, die den Fußball gegen die Ökonomisierung verteidigen wollen, vergessen oft, dass wir ohne die Kenntnis von Zahlen, Tabellen und Leistungskennziffern Fußball kaum genießen könnten. Zahlen sind gleichsam das »Gedächtnis« des Fußballs. Es geht ja nicht nur darum, das zu bestaunen, was da gerade im Stadion geschieht. Das Geschehen ist vielmehr eingebettet in einen Traditionsstrom – zum Beispiel die Geschichte von Leistungsvergleichen zwischen diesem und jenem Verein. Oder es ist der aktuelle Tabellenstand, der dem Spiel Bedeutung gibt: »Wenn Dortmund auswärts 0:0 spielt und Hamburg zuhause gewinnt, dann ...« Mindestens eine Zahl bringt jedes Spiel ja hervor: das Ergebnis. Die Geschichte dieses Ergebnisses kann man dann wieder in Zahlen zerlegen: soundsoviel Torschüsse, soundsoviel Vorlagen. Das geschieht nach Gesichtspunkten, die man für leistungsbestimmend hält. Dann weiß man, dass der Verein X in der ersten Viertelstunde der zweiten Halbzeit besonders gefährdet ist, dass die Bayern in wichtigen Spielen immer noch kurz vor Schluss den Siegtreffer markieren. Insofern helfen uns Zahlen, Erwartungen an den Ausgang von Spielen vernünftig zu begründen.

Verfolgt man allerdings die Statistikexzesse im Fernsehen, dann ist das des Guten zu viel. Dort wird man mit Daten so zugemüllt, dass man am Ende fast vergisst, dass das Spiel bloß unentschieden endete. Und vor allem scheinen die erbrachten Messungen einen Selbstzweck zu haben. Es wird nämlich nicht recht klar, was sie bedeuten. Zum Beispiel blenden einige Fernsehsender bei Auswechselungen von Spielern deren Laufmeter ein. Sagt das irgendetwas aus? Außer dass sie viel geschwitzt haben? Es erinnert mich an »gestempelte« Arbeitsstunden im Unternehmen – was manchmal auch nur etwas über den Stromverbrauch aussagt, nichts über Leistung oder Ballbesitz – was sagt uns das, wenn eine Mannschaft 57 Prozent des Spiels im Ballbesitz war? Sind wir beeindruckt? Eher nicht, denn weniger Ballbesitz kann bedeuten, dass eine Mannschaft *schneller* geworden ist, modernen »Ein-Kontakt-Fußball« spielt, früher attackiert und zügiger vor das gegnerische Tor kommt. Gerne wird auch darauf verwiesen, dass dieser oder jener Spieler Torschützenkönig wurde. Eine Fußballmannschaft siegt oder verliert jedoch als Mannschaft. Will sie siegen, dann ist es eine der wichtigsten Fähigkeiten, den Blick für den besser stehenden Mann zu haben. Deshalb werden sogar Vorlagen gezählt – weil die Presse unbedingt Zählbares haben will. Für die wichtigsten Komponenten des Fußballs gibt es ohnehin kein statistisches Maß: nämlich für Spielwitz, Tempo und den Mut, Spiel und Gegner aggressiv zu dominieren.

In der Wirtschaft haben wir eine vergleichbare Situation. In den Unternehmen folgt alles dem Schlachtruf »Miss es oder vergiss es«. Davor salutieren alle, denn niemand will sich als verträumter Wolkenfänger outen. Also wird gemessen, was messbar ist, und das, was nicht messbar ist, wird irgendwie messbar gemacht. Nicht nur üblicherweise Umsatz und Kosten, nein, zunehmend auch Kriterien, die sich eigentlich der Quantifizierung entziehen. Denn nichts existiert so richtig, bis die Datensammler dieser Welt einen Weg gefunden haben, einen Parameter zu isolieren und seine Veränderung messbar zu machen.

Dabei kommt es zu abenteuerlichen Wirklichkeitskonstruktionen: Sogar Moral soll neuerdings messbar sein. Zwar besteht derzeit weder Aussicht noch Gefahr, dass jemand sich anschickt, EVA, ROI, ROL und Konsorten um EMU (Evaluation der moralischen Urteilsfähigkeit) zu ergänzen, aber es ist wohl nur eine Frage der Zeit, bis man ein entsprechendes Instrument entwickelt. Was sich dennoch beharrlich der Metrisierung widersetzt, gerät umstandslos ins Abseits. So bemüht sich die Personalarbeit seit Jahren, durch die Quantifizierung ihres Leistungsausweises aus der qualitativen Diaspora auszubrechen. Sie merkt leider nicht, wie lächerlich sie sich dabei macht.

Oder glaubt man irgendetwas betriebswirtschaftlich Relevantes aussagen zu können, wenn man die Arbeitszeit misst? Was nützt es, wenn die Krankheitsrate um 2 Prozent sinkt, weil die Menschen Furcht haben, ihren Arbeitsplatz zu verlieren, die Gründe für häufiges Krankfeiern aber fortdauern? Was sagt uns das, wenn die Fluktuation 4 Prozent beträgt? Dass die Menschen zufrieden sind? Dass sie keine Alternativen haben? Dass auch die Schwachleister bleiben? Dass die Mitarbeiter in hohem Maß immobil und unflexibel sind? Dass einer inzestuösen Unternehmenskultur das »frische Blut« fehlt (denken wir nur an die überalterten Lehrkörper an den Schulen)? Was ist gewonnen, wenn die Zahl der Verbesserungsvorschläge in diesem Jahr wieder einmal gestiegen ist? Dass proportional dazu auch Kosten gespart werden? Oder dass die Menschen mit einem Vorschlagsbombardement scharf auf die Prämien sind? Und wenn Manager Feinstarbeit beim Kostensparen leisten, die Gewinnschwelle senken und dadurch auch bei schlechter Absatzlage noch schwarze Zahlen schreiben – was sagt das? Dass sie ihr Handwerk gelernt haben? Oder dass sie um ihre Aktienoptionen fürchten? Es sagt ganz sicher nicht, dass sie strategische Wettbewerbsvorteile aufbauen.

Nun kann niemand ernstlich bestreiten, dass Zählen und Messen hilfreich sein kann. Wo Zahlen zur Verfügung stehen, mag man sie auch berücksichtigen. Aber beliebig ist der Hang zu den Zahlen nicht, weder im Fußball noch im Management. Denn Zählen und Messen haben immensen Einfluss auf unser Denken und Handeln:

- In manchen Wirtschaftsbereichen scheinen nur noch Finanzleute als Unternehmensführer qualifiziert. Aber Finanzleute können das Spiel nur *kommentieren*, der Vertrieb muss es *spielen*. Deshalb sind Controller immer im Recht, die Vertriebler hingegen immer kritisierbar.
- Mit entsprechenden Zahlen, seien sie auch noch so willkürlich zusammengetragen oder gar schlicht gelogen, kann man Eindruck schinden: zum Beispiel bei anderen ein schlechtes Gewissen hervorrufen – und das eigene, gute Gewissen zur Schau stellen.
- Die ergebnisrelevante Wirklichkeit wird mehr und mehr auf Messbares reduziert; alles Nichtmessbare fällt dem zum Opfer. Mag die Stückzahl des Akkordarbeiters noch messbar sein – Innovations- und Initiativleistung ist es nicht. Kein Wunder, wenn man nur noch das tut, was zählbar ist. Die Hypertrophie des Messens führt gerade dazu, dass so wenig unternehmerische Verantwortung von Mitarbeitern übernommen wird. Sie bleiben unter Rechtfertigungsbedingungen lieber bei Zählbarem, zum Beispiel Überstunden.
- Auf der Strecke bleibt vielfach auch die Qualität. Das in vielen Managementmethoden eingebaute anti-qualitative Element wird zwar verbal dementiert, ist aber letztlich unübersehbar. Dieses Problem verschärft sich, wenn die vorrangige Innenorientierung durch verstärkte Außenorientierung ersetzt wird. Wie messe ich Qualität, die sich von der Kundenerwartung herleitet? Wie

messe ich Zuverlässigkeitsoptimierung? Flexibilität? Kommunikationsverhalten? Und wenn man sie nicht messen kann, sind sie deshalb nicht wichtig? »Nicht alles, was zählt, kann gezählt werden. Und nicht alles, was gezählt werden kann, zählt.« (Albert Einstein)

Wer viel misst, misst viel Mist.

- Die Konjunktur des Messens hat dazu geführt, dass man eine Kette von Einzelleistungen sieht, aber nicht mehr die Zusammenarbeit. Dafür hat man gute Gründe: Man will vermeiden, dass die Leistungen des Einzelnen im Großen und Ganzen versickern. Auch schlechte Gründe: Man will im Einzelfall auch Schuld zuweisen können. Aber alles, was wirklich langfristig zum Überleben eines Unternehmens beiträgt, beugt sich nicht der Quantifizierung: Vertrauen, Kreativität, Zusammenarbeit, die Qualität der Führung. Je *wichtiger* ein Kriterium für die Zukunftsfähigkeit eines Unternehmens ist, desto *weniger* zählbar ist es.
- Die langfristig sekundäre Folge des Messens ist das Verlernen angemessenen Bewertens. Das »gute Auge« geht verloren. Die Scheinobjektivität der Messung schwächt mithin die Führung, hat doch nichts so viel Autorität wie selbstbewusste Subjektivität. Mehr noch: Es besteht die Gefahr, dass ihre spezifischen Wissensformen verdrängt werden: Gefühl, Intuition, intime, über Jahrzehnte angesammelte Marktkenntnisse, in einem Wort: Erfahrungswissen. Auf dem Höhepunkt der Bankenkrise im August 2007 sagte der Verwaltungsrat der Sachsen LB Claus F. Holtmann: »Eines lehrt die Krise: Das Vertrauen auf Kennzahlen und Ratings ersetzt weder das Gefühl des Bankers noch die alte Binsenwahrheit, dass hohe Erträge mit hohen Risiken verbunden sind.«

Wer viel misst, misst viel Mist. Ob das die Manager wohl anerkennen? Da weiß der ehemalige Schalker Thorsten Legat Rat: »Unsere Chancen stehen 70 zu 50«. Jedenfalls hat noch niemals eine Mannschaft gewonnen, die immer nur auf die Anzeigentafel geschaut hat.

Sind die Nebenwirkungen des Messens schon problematisch, so ist es vor allem der manipulative Umgang damit: Es wird »Objektivität« vorgeschoben – und die gibt es nicht. Denn Zahlen sprechen nicht zu uns, sie müssen von uns interpretiert werden. Wir dürfen uns nicht hinter Zahlen verstecken, sie entheben uns nicht einer begründbaren Interpretation.

Erinnern wir uns an Protagoras' berühmten Satz: »Der Mensch ist das Maß aller Dinge.« Dieser Satz ist oft missverstanden worden. Er fordert keine allgemeine Menschlichkeit, kein moralisches Handeln, sondern versteht sich erkenntnistheoretisch. Er erkennt die Perspektivgebundenheit aller Wahrnehmung an, betrachtet Wahrheit als relativ, setzt das Individuum als Interpret vor die Dinge. Diese Subjektivität in der Wahrnehmung der vermeintlich objektiven Kriterien wird mit Zahlen unterschlagen. So entsteht ein genaueres Bild des Scheins.

Global Players oder Local Heroes?

Rufen wir Ernst Huberty: »Noch eine Möglichkeit. Grabowski, Schnellinger. Nein, nein, nein! Tor durch Schnellinger! Unglaublich. Ausgerechnet Schnellinger ... »

»Ausgerechnet Schnellinger.« Mit diesen Worten begann für die meisten Deutschen die Globalisierung. Dieser Tonfall, trocken, unaufgeregt, und jeder wusste, was gemeint war. Ernst Huberty, der legendäre Tiefseitenscheitelträger, musste nicht viel erklären beim 1:1-Ausgleichstreffer des deutschen Italien-Legionärs (AC Mailand) beim WM-Halbfinale 1970 gegen Italien, dem »Spiel der Spiele«. Warum »ausgerechnet«? Nun, es war noch neu, dass ein Deutscher in Italien spielte. Und dass genau dieser Ausländer gegen seine neuen Kollegen die Verlängerung erzwang, das war schon ironisch.

Doch das ist vorbei. Vorbei die Zeit, in der »uns« Uwe Seeler sämtliche Angebote italienischer Vereine ausschlug, um nicht auf den aufgewärmten Labskaus seiner Mutter verzichten zu müssen. Vergangenheit die bizarren Szenen, in denen afrikanische Profis vor deutschem Schnee in die Kabinen flüchteten, weil sie ihn für einen Fluch der Götter hielten. Vorbei auch die Zeiten, in denen Familienfeiern und Vereinsversammlungen kaum auseinander zu halten waren – wie einst auf Schalke: »Kein Spieler«, sagte Ernst Kuzorra 1927, »wohnt weiter als 30 Pfennig mit der Straßenbahn entfernt.« Als sich Libero Olaf Thon 2002 verabschiedete, war er der letzte, der in Gelsenkirchen geboren wurde. Die neuen Spieler bringen Dolmetscher mit.

Dynamisiert hat diesen Prozess der belgische Ex-Profi Jean-Marc

Bosman. Er klagte vor dem Europäischen Gerichtshof gegen die UEFA-Regel, nach der höchstens drei Ausländer in einem Team eingesetzt werden dürften. Und er bekam Recht. Das Bosman-Urteil hat das für den Fußball nachgeholt, was als europäische Integration schon länger gewollt war: Grenzüberschreitungen werden die Regel, Nationalstaaten treten Rechte an übernationale Institutionen ab, Märkte öffnen sich.

Heute findet sich in jeder Profimannschaft zwischen Färöern und Sizilien mindestens ein Afrikaner oder Südamerikaner. Viele Mannschaften in den deutschen Ligen sind multikulturelle Erfolgskollektive – etwa 40 Prozent der Erst- und Zweitligaprofis haben keinen deutschen Pass.

Insgesamt ist der Fußball zweifellos globaler als die Wirtschaft aufgestellt. Die FIFA, der Fußball-Weltverband, ist die globalste Firma der Welt, noch vor der katholischen Kirche. Sie hat 204 Mitgliedsverbände – mehr als die UN Staaten hat. Der Fußball ist aber auch stärker globalisiert als die Wirtschaft. Der Ausländeranteil im bezahlten Fußball ist deutlich höher als auf anderen Arbeitsmärkten, selbst bei unterklassigen Profiligen. Die Arbeitszeitmodelle der Stahlindustrie in Asien und Europa unterscheiden sich weit deutlicher voneinander als die Trainingsmodelle asiatischer und europäischer Fußballklubs. Und nirgendwo sonst werden die Vorteile internationaler Arbeitsteilung konsequenter genutzt. Fakt ist heute, dass jeder brasilianische Spieler, der wirklich talentiert ist und zum Liebling der Fans wird, in finanzstärkere Europa-Ligen zieht. Das Resultat: Von den ganz großen brasilianischen Superstars spielt keiner mehr in Brasilien. Und von den 22 Spielern, die im Jahre 2002 Weltmeister wurden, spielten nur sieben in Brasilien. Deshalb ist es nicht außergewöhnlich, dass in Brasilien die Klubs und das Nationalteam am selben Tag spielen – das Nationalteam besteht fast nur aus »Legionären«. Die Spieler gehen eben dort hin, wo sie den höchsten Ertrag erwirtschaften, sportlich und finanziell. Und falls sie nicht zur Spitzenklasse gehören, dann gehen sie dort hin, wo sie Arbeit bekommen – auch wenn das die deutsche Bezirksklasse ist.

Die Reaktion auf die »globalisierte« Belegschaft der Vereine spiegelt fast idealtypisch die Reaktion auf die Globalisierung in anderen Lebensbereichen. Sie ist eine Mischung aus Furcht vor »Überfremdung«, dem Verlust der identifikatorischen Basis bis hin zur Sorge um reduzierte Chancen für deutsche Nachwuchsspieler.

Dabei ist längst schon offensichtlich, im Fußball wie in der Wirtschaft, dass das Nationale nur noch eine Fiktion ist. Es ist ein mühsam aufrechterhaltenes Identifikationsangebot, das gewissen Interessen nutzt. In Wirklichkeit ist der Referenzrahmen sehr unterschiedlich geworden, hier wie da. Hier streitet der Gewerkschaftsführer für Flächentarife und Mindestlöhne innerhalb des nationalstaatlich-volkswirtschaftlichen Rahmens, während der Vorstand eines multinationalen Konzerns im internationalen Wettbewerb steht und dort mit hohen deutschen Arbeitskosten nicht mehr konkurrenzfähig ist. Dort wollen die kleinen Bundesligaklubs die Gelder aus den Fernsehrechten gleich verteilt wissen, während der FC Bayern sich im Wettbewerb mit den Eliteklubs Europas sieht und daher ein größeres Stück vom Kuchen will.

Die Fußball-Romantiker, die die schöne alte Elf-Freunde-Welt verklären, in der man lieber gegen Bottrop als gegen Chelsea spielte, mögen diese Entwicklung erschreckend finden – und weiterhin davon träumen, dass die Rente sicher ist und der Job nicht von der chinesischen Herausforderung bedroht ist. Aber mithilfe des Fußballs lässt sich zeigen: Der Ausschluss von der Globalisierung schwächt! Wer sich der Herausforderung der Globalisierung nicht stellt, wird auf ewig Dritte Liga spielen und von ständiger Abstiegsangst gepeinigt sein. Gegen alle Erwartungen werden deutsche Spieler auch nicht durch ausländische verdrängt, sondern wachsen an ihnen – wie man 2007 an Bayern München sehen kann auch zum Vorteil der Nationalmannschaft. Konkurrenz belebt hier das Geschäft, die international hochklassigen Kollegen heben die Leistungsschwelle.

Der Ausschluss von der Globalisierung schwächt!

Mehr noch: Es wird immer wieder deutlich, wie sehr es der Bundesliga eigentlich an internationalen Stars mangelt – und wie sehr dem deutschen Fußball etwas fehlen würde, fehlten die ausländischen Spieler vollständig.

Was eher nachdenklich stimmt, ist, dass deutsche Fußballer im Ausland selten nachgefragt werden. War es in den 60ern noch neu, dass ein Deutscher in Italien spielte, so ist das heute wieder so. Bis zur WM 2006 war die Auslandsnachfrage nach deutschen Kickern gleich Null. Außer Dietmar Hamann (Liverpool), Robert Huth (Chelsea), Jens Lehmann (Arsenal), Michael Ballack (Chelsea) und Christoph Metzelder (Madrid) ist da nicht viel. Und bei der Wahl von »Europas Fußballer des Jahres 2007« bekam der einzige Deutsche unter den 50 Kandidaten, Miroslav Klose, keine einzige Stimme Bei den Trainern das gleiche Bild. Bei der WM 2006 findet sich als Trainer einer ausländischen Mannschaft nur ein Deutscher: Otto Pfister bei Togo. Es finden sich aber Holländer: Guus Hiddink, Leo Beenhakker und Dick Advocaat. Brasilien stellte gar fünf Trainer: Parreira, Zico, Guimaraes, Paquetá und vor allem Luiz Felipe Scolari, Trainer der portugiesischen Nationalelf und als Coach Brasiliens Weltmeister 2002.

Deutschland hat sich also von einer Fußballexport- zu einer Fußballimportnation entwickelt. Und so ist es in der Wirtschaft auch: Deutsche Manager werden kaum exportiert. Es gibt meines Wissens in den letzten fünf Jahren keine Handvoll deutsche Manager, die in das Top-Management internationaler Unternehmen gerufen worden wären. Und werden deutsche Arbeitnehmer verdrängt? Nur, wenn sie zu teuer sind. Zu teuer meint: bei vergleichbarer Qualität zu hohe Preise aufrufen. Wir müssen besser sein, wenn andere billiger sind. Sind wir es nicht, dann ist es fair, wenn wir vom Markt fliegen.

Einen Verlierer aber gibt es: die nationalen Stile. Sie verschwinden nicht völlig, aber sie verblassen immer mehr. Im schottischen Glasgow mag man noch so sehr an den Kulturbruch zwischen Celtic und den Rangers glauben, in beiden Mannschaften spielen Schweden, Portugiesen und Franzosen. Und sogar Engländer! In London mag es Abgründe zwischen Arsenal oder Chelsea geben – man jubelt hüben wie drüben italienischen oder brasilianischen Torjägern zu. Brasilianische Nationalspieler werden bei AS Rom, Deportivo La Coruna oder Schalke taktisch geschult, ein Nigerianer wird zum Star in Polen, ein Bulgare in Spanien, ein Koreaner in Belgien. Und der AC Mailand sah zwischenzeitlich mit Marco von Basten, Ruud Gullit und Frank Rjkaard der holländischen Nationalmannschaft zum Verwechseln ähnlich. Mag es bei Weltmeisterschaften oft auch noch eine landestypische Einfärbung geben, im Grunde gibt es den »italienischen Catenaccio nicht mehr«, ebenso wenig wie den »brasilianischen Zauberfußball« oder die »deutsche Blutgrätsche«. Es gibt nur – nur? – erfolgreichen und erfolglosen Fußball. Das hindert einen Franz Beckenbauer nicht, weiterhin mit national-sportlichen Versatzstücken zu arbeiten: »Die Schweden sind keine Holländer, das hat man genau gesehen.«

Frauen in der Männerdomäne

Sie sind Irrläufer der Evolution – Frauen im Management. Wenn auch ihre Zahl langsam wächst – nach den ersten Karriereschritten wird der Marsch lang. Sie kommen zwar immer häufiger ins mittlere Management, aber selten darüber hinaus. Nur wenige Frauen schaffen es bis an die Spitze des Unternehmens. Die Zahl der Frauen in Top-Positionen liegt bei etwa 3 Prozent.

Spricht man aber mit männlichen Managern, dann hat man den Eindruck, es gäbe *keine einzige* Frau im Management. Sie reden nicht schlecht über sie, sie reden *gar nicht* über sie. Das mag damit zusammenhängen, dass Frauen glauben, sie müssten keine Aufstiegschancen fordern, ihre Leistung spräche schon für sich selbst und müsse nicht weiter präsentiert werden. Der eigentliche Grund ist aber, dass Männer einfach nicht mit Frauen *konkurrieren*. Frauen sind in ihren Augen Spezies von einem anderen Stern, sie laufen »außer Konkurrenz«, auf sie bezieht man sich nicht, mit denen vergleicht »Mann« sich nicht. Sollte doch mal eine Frau irrtümlich einem Mann vorgezogen werden, dann verdankt sie es nicht ihrer Leistung, sondern ihrem Anderssein. Deshalb erleiden Männer in diesen Fällen auch keine Niederlage. Sie beugen sich schlicht einem anthropologischen Missverständnis.

Das hat den gleichen Effekt wie die berühmten Zitierkartelle: Wer nicht zitiert wird, fällt irgendwann aus der Suchmaschine. Schlägt man gar eine Frau für ein Vorstandsmandat vor, dann erhöht sich der Rechtfertigungsdruck um den Faktor 10. Das eigentliche Problem aber ist die Überwindung der Schrecklähmung. Was wiederum so überraschend nicht ist: Die Situation, dass Mann und Frau konkurrieren, ist stammesgeschichtlich neu. Die Arbeitsbereiche waren über Tausende von Jahren getrennt und sind es vielfach gegenwärtig noch. Hinzu kommt natürlich, dass aus männlicher Sicht ein etwaiger Wettkampf unfair wäre. Wettbewerb sei *schlechthin* ein männliches Prinzip. Das kann man beim Fußball sehen: Frauen haben am Konkurrenzspiel der Männer größeres Interesse als umgekehrt die Männer am Frauenfußball. Männer betrachten das Feld des Wettbewerbs als das ihre; deshalb interessieren sie sich nicht für Frauenfußball. Nicht wirklich.

Frauen und Fußball – das Thema ist getrüffelt mit Vorurteilen. Noch der große Sepp Herberger sagte dazu: »Fußball ist keine Sportart, die für Frauen geeignet ist, eben schon deshalb, weil er ein Kampfsport ist.« Fußball ist Männersport! Es heißt ja auch Mannschaft! Qua Geschlecht fühlt sich jeder Mann zum Fußballer geboren, selbst wenn er als Sportmuffel auf der Couch endet oder als stetig biereinträufelnder Familienvater auf der Tribüne. Frauen – die kamen im Fußball deshalb auch lange nur als Spielerfrauen vor. Aber sonst hatten Frauen, weil sie die Abseitsregeln niemals verstanden und verstehen werden, abseits zu stehen. Man denke an den seit 35 Jahren bis zum Überdruss zitierten Lapsus der Journalistin Carmen Thomas, die im *Aktuellen Sportstudio* Schalke 04 zu Schalke 05 verjüngte.

Selbst wenn die deutsche Frauennationalmannschaft international erfolgreich ist (2003 Weltmeister, 2004 Bronze-Medaille bei den Olympischen Spielen, 2005 Europameister, 2006 wieder Weltmeister), wird das Spiel weitgehend als männlich wahrgenommen. Das hat was mit dem »historischen Rückstand« zu tun – offiziell wurde es Frauen in Deutschland erst 1970 gestattet, Fußball zu spielen. Und erst 1974 – im Jahr der Weltmeisterschaft – wird Frauenfußball meisterschaftsfähig. Mittlerweile hat Birgit Prinz, die Ausnahmefußballerin vom 1.FFC Frankfurt, mehr als 150 Länderspiele absolviert, ebenso viele wie Bettina Wiegmann.

Mia Hamm ist in den USA ein Star; sogar eine Barbie-Puppe gibt es von ihr. Deshalb ist dort der Frauenfußball auch viel prominenter im Vergleich mit dem Männerfußball. Schon früh wurden die amerikanischen Fußballfrauen Weltmeister und Olympiasieger. Franz Beckenbauer und Pelé erinnern sich, dass sie als Spieler von Cosmos New York durch die Lande reisten und Jugendliche für Fußball begeistern wollten. Von denen hörten sie nicht, wie toll die Väter Fußball spielten, sondern dass die Mutter einen Hammerschuss habe oder eine brillante Dribblerin sei.

Heute spielen nach Schätzungen aus dem Jahre 2003 weltweit etwa 30 Millionen Frauen Fußball. Und ihre Zahl steigt kontinuierlich. »Die Frauen haben sich entwickelt in den letzten Jahren. Sie stehen nicht mehr zufrieden am Herd, waschen Wäsche und passen aufs Kind auf. Männer müssen das akzeptieren.« Wie dieser Kommentar von Lothar Matthäus hat vieles in der Mann-Frau-Diskussion etwas unfreiwillig Komisches. Im ehemaligen Schutzgebiet der echten Kerle tauchen zunehmend Frauen auf – nein, nicht die Klischees vom naiven Weibchen, die mitten im Elfmeterschießen Schnittchen servieren. Nein, richtige Fans, die fluchen und brüllen, die auch kein Problem damit haben, dass bisweilen Bier auf die Jacke schwappt und Leverkusen sich auf Busen reimt. Auch die Gruppe von Frauen, die sich für Fußball interessieren, vergrößert sich statistisch: seit 2002 um fast 20 Prozent. Inzwischen sind 22 Prozent der Stadionzuschauer Frauen, mehr noch in Freiburg, Dortmund, Mainz und St. Pauli. Bei den Europameisterschaften 2004 waren bis zu 46 Prozent der Fernsehzuschauer weiblich. Bis in den Vorstand eines Bundesligavereins hat es aber bisher erst eine geschafft: Katja Kraus vom HSV.

Viele Aufgaben simultan lösen, das fällt Frauen leichter.

Nun die alte Frage: Sind Frauen die besseren Führungskräfte? Genauso wenig, wie es »die Frauen« gibt, genauso wenig gibt es »die Männer«. Aber es gibt geschlechtsspezifische Unterschiede, die moderne Firmen nutzen können.

Zum Beispiel ist vieles von dem, was unter den zu erwartenden wirtschaftlichen Bedingungen an Führungsqualitäten gebraucht wird, den Frauen schon anthropologisch in die Wiege gelegt. Vor allem haben sie im Lauf von Jahrmillionen die Bereitschaft und die Fähigkeit entwickelt, sich zu Gunsten anderer zurück zu nehmen. Brauchen wir etwas Dringenderes in den Unternehmen? Was Männer erst mühsam lernen, so mancher Testosteronvulkan niemals lernen wird, das haben Frauen bereits: Organisationstalent, vernetztes Denken, Paradoxien erkennen und handlungsfähig bleiben, soziales Breitbandempfinden, situationsangemessenes Entscheidungsvermögen, Kommunikationstalent mit wechselnden Adressaten, das parallele Lösen vieler Aufgaben. Frauen, vor allem Mütter, haben gelernt, eine kaum noch überschaubare Anzahl von Aufgaben souverän zu erledigen. Mehr noch, die Forschung sagt uns:

- Während Männer dazu neigen, Probleme mit der Strategie »Überbieten« zu lösen, steht Frauen eine Vielzahl von Problemlösungsstrategien zu Gebote; ein situationsbunter Zugang, ohne Verlierer zu produzieren. Es mag sein, dass zwischen Daimler und Chrysler eine »Hochzeit im Himmel« geschlossen wurde. Aber es war doch eine Männerhochzeit. Ist sie deshalb zum Kulturkampf ausgeartet und letztlich gescheitert?
- Frauen denken auf natürliche Weise systemisch. Beobachten Sie mal Frauen und Männer beim Besteigen von Flugzeugen. Bei den Männern scheint der soziale Intelligenzquotient in Richtung Körpertemperatur zu sinken. Frauen zeigen hier »Prozesskompetenz«; sie handeln in der Regel vorausschauend, umsichtig, rücksichtsvoll, bemüht, andere nicht zu behindern. Das Verhalten der meisten Männer ist entweder unverschämt oder ungeschickt bis zur Lächerlichkeit.

Marisa Brunner, Torhüterin der Schweizerischen Frauenfußball-Nationalmannschaft und des SC Freiburg, stellt fest: »Bei Frauen steht mehr das spielerische Element als die Kraftkomponente im Vordergrund. Technisch, taktisch und mental haben es die Fußballerinnen genauso drauf wie die Männer.« Martina Voss, mit 125 Länderspielen die Legende des deutschen Frauenfußballs, geht sogar noch weiter: »Frauen haben mehr Biss, sind härter und lebhafter. Für das Training hat es sich als positiv erwiesen, dass Frauen ihre kommunikative und gefühlsmäßige Seite einsetzen. Unsere Führungsqualitäten liegen vor allem in der sachlichen kommunikativen Ebene, und damit können wir Trainerinnen die positiven Seiten des Teams verstärken. Und Frauen haben Idealismus, den sie im Fußball auch zeigen.«

Die deutsche Frauen-Nationalmannschaft wurde lange Zeit von einem Mann trainiert. Das schien niemanden irritiert zu haben. Stellen Sie sich vor, die deutsche Männer-Nationalmannschaft würde von einer Frau trainiert. Undenkbar? Wirtschaftlich vernünftige Verhältnisse haben wir auf jeden Fall erst dann erreicht, wenn in den Unternehmen genauso viel weibliche Schwachleister Karriere machen wie männliche.

Regelgerecht ist noch nicht fair

»Die Engländer haben das Fair Play erfunden, aber nicht alle Spieler wissen das.« Rudi Michels Reportersatz beim 2:3 gegen England im WM-Endspiel 1966 scheint unvermindert aktuell. Auf der Insel geht es immer noch hart zur Sache – »körperbetont« wie man das gerne nennt. Aber ist es deshalb unfair? Dietmar Hamann verneint das vor dem Hintergrund seiner England-Erfahrung: »In England wird ehrlicher Fußball gespielt, es gibt keine Schwalben, hier fordert keiner eine Gelbe Karte für seinen Gegenspieler. Fair Play steht an erster Stelle.« Womit er einen wichtigen Unterschied anspricht: Regelgerechtes Spiel ist noch lange nicht Fair Play. Wo genau liegt die Differenz?

Freiheit ist gut; zu viel davon ist Chaos. Ordnung ist gut; zu viel davon ist Terror. Dafür, dass Freiheit nicht zu Lasten anderer geht, gibt es Spielregeln. Und Institutionen, die die Spielregeln formulieren und ihre Einhaltung überwachen. Im Fußball gibt es bei abweichendem Verhalten Sanktionen durch den Schiedsrichter, später noch durch den eigenen Verein oder den Verband – alle beziehen sich auf die FIFA und ihre 17 Regeln. Da steht dann: Das Ziel des Fußballspieles ist es, »den Ball regelgerecht über die Torlinie des gegnerischen Tors zu spielen.« *Regelgerecht* – nicht irgendwie. Schön, das wäre also geregelt.

Aber nicht alles kann man regeln, sonst wären die FIFA-Regeln 500 Seiten stark. Das Fußballspiel ist – wie schon gesagt – gerade deshalb so attraktiv, weil es vieles offen lässt und mit vergleichsweise *wenig Regeln* auskommt. Das hat jedoch seine Schattenseiten:

Mancher mag sich an das Stillhaltespiel der Deutschen gegen Österreich bei der WM 1982 erinnern. Das empörende 1:0 für Derwalls Gurkentruppe reichte beiden Mannschaften zum Weiterkommen. Die großartigen und begeisternd aufspielenden Algerier wurden ausgebremst – vergleichbar einer heimlichen Preisabsprache. So etwas können Regeln nicht verhindern, das war schlicht unfair. Glücklicherweise wurden die Deutschen nicht Weltmeister.

Auch nicht geregelt ist zum Beispiel, ob eine Mannschaft die Spieler der gegnerischen Mannschaft mitbestimmen kann. Was zunächst unwahrscheinlich klingt, ist der italienischen Mannschaft bei der WM 2006 gelungen: Sie schaffte es, mit Hilfe inoffizieller Regeln und öffentlichem Druck Torsten Frings vor dem Halbfinale zu sperren. Formal war das in Ordnung. Aber es war nicht fair.

Wir können also Fairness beschreiben als ein Verhalten, dass sich nicht nur an den Buchstaben der Regeln orientiert, sondern darüber hinaus am *Geist* der Regeln, an dem unausgesprochenen Vertrag – kurz: ein Verhalten, dass den Spielraum, den die Regeln lassen, nicht zum Nachteil des Gegenspielers nutzt.

Fair Play ist damit die *Übererfüllung* von Regeln – der Spieler tut mehr, als es der Regeltext erfordert. Er nutzt zum Beispiel einen Vorteil nicht, den ihm eine Regelungslücke böte. Er korrigiert den Schiedsrichter, wenn dieser irrtümlich zu seinen Gunsten entschieden hat. Er will nicht nur gewinnen, er will auch sportlich gewinnen. Gary Lineker, englischer Stürmer und WM-Torschützenkönig 1986, wurde in seiner aktiven Zeit nie des Feldes verwiesen, er sah sogar niemals eine Gelbe Karte. Ein Gentleman eben. In Deutschland gibt es sie auch, die ausgesprochen fairen Spieler. Ein Beispiel aus jüngster Zeit ist Per Mertesacker, der die ganze WM 2006 ohne Gelbe Karte überstand – und das als Verteidiger!

Das Fair Play ist mithin eine sportliche Form, den Wettbewerb mit anderen zu gestalten, weil man nicht *um jeden Preis* gewinnen will. Was aber, wenn der materielle – oder auch immaterielle – Wert des Sieges hoch, sogar extrem hoch ist?

Sehen wir uns das WM-Halbfinale 1970 Deutschland gegen

Italien an. In der Verlängerung kommt die Entscheidung – gegen Deutschland. Wir rufen wieder Ernst Huberty: »Das war ein Fehler von Schulz, das 4:3 für Italien. Den hätte er stoppen müssen, einen so gefährlichen Mann, notfalls eben ein Foul riskieren.« Ist Nicht-Foulen ein Fehler? Wenn das so ist, dann darf man sich nicht wundern über das, wovor viele die Augen verschließen: Auf dem Rasen wird betrogen, beleidigt und belogen. Mehr noch, über Sieg und Niederlage entscheidet oft, wer die besten Fouls provoziert, sich am dramatischsten hinwerfen kann, sodass ein geübter Freistoßschütze eine Chance erhält. Der spanische Schriftsteller Javier Marías beschreibt das so: »Immer mehr verschwindet aus dem Fußball, dass es nicht allein ums Gewinnen geht, sondern darum, es mit Fairness und ohne falsche Tricks zu tun. Heute fordern Spieler für den Gegner die Gelbe Karte oder freuen sich schon über einen Elfmeter, bevor sie ihn verwandelt haben, oder bejubeln ihre Tore auf pöbelhafte, sogar beleidigende Weise. Oder sie simulieren Foulspiel, vor allem im Strafraum. Nichts von allem hat mit Fairness zu tun.« In der Tat: Das Ausmaß an Schauspielerei ist mittlerweile kaum noch von normalen Theateraufführungen zu unterscheiden. Ein extremes Beispiel war 1995 eine Aktion von Andreas Möller, die er selbst entlarvend als »Schutzschwalbe« bezeichnete, und für die er schließlich vom DFB für zwei Spiele gesperrt wurde. Haben wir also lediglich die Verrohung der Sitten zu beklagen? Sicher auch das: Wenn im Fernsehen die Fouls in Ultrazeitlupentempo wiederholt werden, dann muss das Interesse an Fouls hoch sein. Hat man je gelungene Spielzüge in Zeitlupe gezeigt – Torszenen einmal ausgenommen? Wenn ein Zidane, der für den Kopfstoß gegen Marco Materazzi im Endspiel der WM 2006 lächerliche 4.000 Euro Strafe zahlen musste, in der Beliebtheitsstatistik der französischen Sportler den ersten Platz einnimmt und vom französischen Staatspräsidenten hofiert wird, dann hat das zur Konsequenz, dass die Achtung vor dem Anderen, die Achtung vor den Regeln und die Achtung vor jenen schwindet, die die Regeln überwachen.

Wer sich im Strafraum kalkuliert fallen lässt, darf sich nicht wundern, wenn der Gegner für diese Täuschung die Rote Karte fordert. Der darf sich nicht wundern, dass das Regelwerk wuchert und die Bürokratie überschießt. Bis hin zu bizarren, aber logischen Vorschlägen: Wer vom Schiedsrichter eine Karte fordert, kriegt selber eine – nur das würde das Bewusstsein dafür wach halten, dass Fairness mehr ist, als sich nur an die Regeln halten. Weiter gedacht käme man zu einem Spiel, bei dem alles verboten ist, was nicht ausdrücklich erlaubt ist. Das wäre das Ende des Fußballs – zumindest als Massenattraktion.

Das wäre auch das Ende der Wirtschaft. Denn auch da ist »play by the rules« nicht alles.

Firmen und Manager, die sich illegal verhalten und strafrechtlich verfolgt werden, sind dabei nicht das Problem. Dafür gibt es die Justiz. Weitaus gefährlicher ist ein Verhalten, das zwar legal ist, aber als *unfair* empfunden wird, das einen Keil zwischen Management und Mitarbeiter, zwischen Unternehmen und Kommune, zwischen Wirtschaft und Gesellschaft treibt. Ein fairer Begriff des Wirtschaftens scheint uns verloren gegangen zu sein.

Verstärkt wird daher gefragt: Ist es in Ordnung, dass die Sorge vieler Manager nicht ihren Mitarbeitern, ihren »Nächsten« gilt, sondern dem Shareholder-Value? Ist es fair, wenn heute mit Hilfe von Rechtsanwälten das legal Machbare ausgelotet wird, aber Maß und Mitte verloren gehen? Ist es zu rechtfertigen, dass Unterschiede bei der Vergütung von Managern und Arbeitern Ausmaße angenommen haben, die Mitarbeiterschaft und Restgesellschaft kaum mehr nachvollziehen können? Ist es angemessen, wenn Unternehmen Mitarbeiter entlassen, weil eine Eigenkapitalrendite von 25 Prozent dem Vergleich mit der internationalen Konkurrenz nicht standhält? Dürfen Unternehmensführer Loyalität, ja sogar Identifikation mit dem Unternehmen fordern, wenn das Unternehmen sich umgekehrt illoyal gegenüber den Mitarbeitern verhält? Ist es legitim, dass Unternehmen kaum noch Veranstaltungen von Menschen für Menschen sind, sondern Veranstaltungen zur Erzeugung eines subjektunabhängigen Profits, der an irgendeiner Börse dieser Welt abgeladen wird?

Wer sich als Global Player begreift, wird diese Fragen belächeln. Er wird auf den Markt verweisen, auf die Eigengesetzlichkeiten der Wirtschaft. Aber Fairness ist ein Standortvorteil: Wir sind kein rohstoffreiches Land – unsere wichtigste Ressource ist die Bereitschaft der Menschen zum Mitmachen. Mit gedrechseltem Positivismus aber sind die Menschen nicht zu überzeugen. Regelgerechte, exakt abgegrenzte und vertraglich festgelegte Beziehungen leisten das nicht. Wer die Menschen bewegen will, muss vielmehr die Herzen bewegen. Und das ist wiederum abhängig von einem als fair erlebten Verhalten der Unternehmen.

Jede Management-Entscheidung ist wertgetränkt.

Jede Management-Entscheidung ist wertgetränkt, hat eine Dimension der Fairness. Fairness ist Sache des Publikums. Und das findet sich außerhalb und innerhalb des Unternehmens, als Kunde und Mitarbeiter. Unfairness kostet zunächst Image, dann Motivation, dann Geld.

Der Begründer der Marktwirtschaft, der schottische Moralphilosoph Adam Smith, vertrat mit der Metapher der »Unsichtbaren Hand« die These, dass eigennütziges Streben das Wohl der Gesamtheit fördere. Das ist allgemein bekannt. Weniger bekannt ist, dass er in seiner »Theorie der Ethischen Gefühle« begründet, dass dies nur in einer Gesellschaft mit moralischen Subjekten funktioniere. Das sind diejenigen, die sich ein Gefühl für *Anstand* erhalten haben. Von ihnen hat man die höchste Meinung, weil sie Verhaltensweisen zeigen, die sie »um ihrer selbst willen« anstreben, die also nichts einbringen. Nichts einbringen? Doch, sie schützen das höchste Gut, das sich ein Mensch erhalten kann: die Selbstachtung.

Wettbewerb und Kooperation

Fußball – das ist zur Schau gestelltes Leben. Er zeigt: Ich kann mein Leben führen, beeinflussen und steuern, zum Beispiel auf bestimmte Ziele hin. Damit das Ganze spannend bleibt, bedarf es eines Gegners, der dieselben Ziele verfolgt und mit dem ich im *Wettbewerb* stehe. Denn nur gegen Widerstand wird man erfolgreich. Widerstand ist notwendig, um die eigenen Talente zu entwickeln, sich anzustrengen, das Beste aus sich herauszuholen. Die Stärke des Gegners ist mithin die Bedingung der eigenen Leistungssteigerung.

Als Zuschauer weiß man das instinktiv. Wissenschaftliche Studien haben gezeigt, dass bei Heimspielen die meisten Zuschauer kommen, wenn die Siegwahrscheinlichkeit der Heimmannschaft bei etwa 60 Prozent liegt. Fans verschmähen »sichere« Siege und wollen für ihre Mannschaft fiebern und bangen müssen. Wenn eine Mannschaft jedoch zu stark ist, wird es langweilig und die Zuschauer bleiben weg. Und auch die eigenen Kräfte erlahmen, die Entwicklung, der Fortschritt wird gestoppt. Wenn man gar den Gegner völlig ausschaltet, hat man nicht etwa gewonnen – das Spiel ist aus. Deshalb ist der Sieg nicht die einzige Ratio des Fußballspiels – wäre es so, dann würden alle Mannschaften nur nach dem jeweils schwächeren Gegner suchen. Was manchmal der Fall ist, aber schnell zum Eigentor wird.

Auch in der Wirtschaft gilt: Konkurrenz belebt das Geschäft. Wettbewerb ist geradezu das Wesen der Marktwirtschaft. Wenn man ihn aber zu verlieren droht, dann will man das selten wahrhaben. Dann ist Wettbewerb »ruinös«. Selbst die Erfinder des Spiels – die

Briten – fanden Wettbewerb nur dann toll, wenn sie siegten. Sie traten 1928 aus der FIFA aus, um die Idee einer Fußball-Weltmeisterschaft zu torpedieren: Das so genannte Mutterland des Fußballs fürchtete die Konkurrenz zu den olympischen Fußballturnieren, die man zuvor in Serie gewonnen hatte.

Genau das ist bis heute der Kern des wettbewerbsfeindlichen Denkens: Es darf keine Verlierer geben! Wir müssen zusammenhalten! Und weil Politik in Deutschland immer Beileid-Politik ist, hat auch der Wettbewerb gegen die so genannte »Solidarität« keine Chance. Dabei widerspricht der Wettbewerb ihr nur vordergründig. Schaut man genauer hin, dann ist Wettbewerb solidarischer als Teilen. Denn er ist das beste Verfahren zur Steigerung der eigenen Kräfte, zur Entdeckung neuen Wissens und damit Motor des Fortschritts. Außerdem ist er das »genialste Entmachtungsinstrument der Geschichte«, wie es Franz Böhm, einer der Väter der Sozialen Marktwirtschaft, ausdrückte. Er gibt allen immer wieder eine neue Chance. Der Verlierer von heute kann der Gewinner von morgen sein.

Wettbewerb führt also nicht, wie viele meinen, zur Desintegration. Vielmehr immer wieder zur Integration. Unter einer Bedingung: Dass alle sich an die Spielregeln halten, das heißt, wenn es wirklich freien Wettbewerb gibt.

Zwischen den Mannschaften muss also der Wettbewerb dominieren. Gilt das auch *innerhalb* einer Mannschaft? Es gibt wohl wenige Berufssparten, wo der Wettbewerb innerhalb eines Teams so offen ausgetragen wird. Im Fußball sitzt immer schon ein Ersatzspieler auf der Bank und scharrt mit den Hufen. Er geht seinen internen Konkurrenten im Training besonders hart an. Der Wunsch, den aktuellen Spieler von seinem Stammplatz zu verdrängen, ist ihm ins Gesicht geschrieben. Bei Oliver Kahn klang das so, nachdem er im April 2006 von Klinsmann zum Torwart Nummer zwei hinter Jens Lehmann gesetzt wurde: »Ich bin kein Mensch, der anderen etwas Böses wünscht. Aber natürlich bin ich Sportler und Wettkämpfer, und ich werde mich hundertprozentig reinhängen.«

Und das Paradoxe daran ist: Auf einmal wird der Misserfolg der eigenen Mannschaft, der durch das schwache Spiel des internen Konkurrenten verschuldet wurde, zum eigenen persönlichen Erfolg! Endlich ist die Chance da, sich zu beweisen! Lieber als Stammspieler mit der Mannschaft im Mittelfeld als Deutscher Meister auf der Ersatzbank! Das heißt: Unter internen Wettbewerbsbedingungen ist das, was mich an meinem Teampartner interessiert, sein Versagen.

Haben wir da ein Tabu berührt? Sprachlich vielleicht, praktisch nicht. Die Knappheit der Güter und der Überschuss an Bedürfnissen machten die Individuen schon immer wechselseitig zu Konkurrenten.

Bei einem Kader von beispielsweise 25 Spielern können immer nur elf Spieler auflaufen. Zumindest in der Startformation. Der Wettkampf um diese Plätze existiert also schon strukturell. Da man im Fußball aber eben nur als Mannschaft gewinnt, müssen die Kräfte der *Kooperation* überwiegen. In der Regel wird der Trainer den Wettbewerb innerhalb einer Mannschaft dämpfen müssen – mindestens aber nicht weiter anfachen, will er sabotagehafte Auswüchse oder öffentlich geführte Schlammschlachten vermeiden.

Überwiegt hingegen der Wettbewerb innerhalb einer Mannschaft, so führt das zum Niedergang. Eine Mannschaft, in der zu viel Wettbewerb herrscht, spielt nicht wirklich miteinander; sie spielt nicht nur gegen den Gegner, sondern auch gegen sich selbst.

Das Gerangel um die Stammplätze nicht eskalieren zu lassen, es zu kontrollieren und zu kanalisieren, das ist mithin eine der herausforderndsten Führungsaufgaben. Und so mancher Trainer hat seine liebe Mühe, Ehrgeizlinge zu besänftigen und Ersatzbänkler bei der Stange zu halten. Das ist aber auch für den Spieler eine Zwickmühle: Schont er sich und den anderen zu sehr, fliegt er aus der Mannschaft; ist er zu aggressiv, kann man ihm mangelnde Mannschaftsdienlichkeit vorwerfen. Nicht alle sind so einsichtsvoll wie Michael Ballack: »Das zeichnet Klasseleute letztendlich doch aus, wenn sie sich im Interesse des Teams zurücknehmen. Große Konkurrenz, aber mit viel Respekt.«

Fußball ist beides: Kooperation und Wettbewerb *gleichzeitig*. Es gibt keine fixe Lösung, sondern ein permanentes Schwanken zwischen zwei Polen. Es ist ein Schwebezustand, den man nicht auflösen kann – und sollte. Im Zweifel muss man sich für ein Mehr oder Weniger entscheiden: *Innerhalb* der Mannschaft muss die *Kooperation* überwiegen, *zwischen* den Mannschaften der *Wettbewerb.*

Sehen wir nun die Liga-Spiele als Markt und die einzelne Mannschaft als Unternehmen. Dann liegen die Parallelen auf der Hand: Auf Märkten ist Wettbewerb die grundlegende Regel. Möglichst viele Anbieter bemühen sich in möglichst freier Konkurrenz, eine bestimmte Nachfrage mit einem entsprechenden Angebot zu befriedigen. Das heißt, Märkte sind Arenen der *Koordination.* Allerdings darf der Wettbewerb nicht derart eskalieren, dass die Spielregeln übertreten werden. Man muss zwar den Wettbewerb gewinnen wollen, aber nicht zu sehr – Oligopole oder gar Monopole sind der Tod des Marktes. Und das Ende der Freiheit.

Unternehmen hingegen sind Arenen der *Kooperation.* Sie basieren auf Zusammenarbeit. Das senkt die Transaktionskosten und macht das Unternehmen schnell. Ein Betrieb, dessen Mitarbeiter nicht wirklich miteinander arbeiten, wird immer weit unter seinen wirtschaftlichen Möglichkeiten bleiben. Langfristig wird er nicht überleben. Hier also ist Führung gut beraten, die Kräfte der Zusammenarbeit zu stärken.

Ähnlich den Mitgliedern einer Fußballmannschaft, die alle versuchen, in die erste Mannschaft des Trainers zu gelangen, so sind auch Unternehmen voller komplexer wettbewerblicher und kooperativer Beziehungen. Das gilt besonders für die Kollegen einer Hierarchiestufe. Sie arbeiten oft in Teams zusammen. Aber alle befinden sich auch im Wettbewerb um ein knappes Gut: Positionen, die Hierarchie für die Sieger bereithält. Und Führungskräfte, die ja nicht selten mehrere Mitarbeiter zu führen haben, sind sogar oft der Meinung, dass Konkurrenz innerhalb ihrer Gruppe förderlich sei für die Gruppenleistung. Sie stellen ihre Mitarbeiter *gegeneinan-*

der – und verweisen nicht selten auf den Fußball, wo ja auch in einer Mannschaft Wettbewerb herrsche.

Wie kann man es nun schaffen, hier eine Balance zu finden: dass es einerseits nicht zu Mobbing und Kirchturmpolitik, andererseits nicht zu selbstzufriedener und konfliktscheuer Spannungslosigkeit kommt? Dass der interne Wettbewerb vielleicht sogar zur *gemeinsamen* Höchstleistung führt?

Natürlich kann man vom einzelnen Spieler die richtige Mischung aus Bescheidenheit und Ambition verlangen, von Kooperationsfähigkeit und Durchsetzungswillen, Unterordnung und Biss. Man kann die Mitarbeiter *auffordern*, sich im internen Wettbewerb zu mäßigen. Aber ist das alles? Ich will einen Gedanken aufgreifen, der außerordentlich praktisch ist: Man kann nicht sicher sagen, was Zusammenarbeit erzeugt. Aber man kann sehr sicher sagen, was Zusammenarbeit zerstört. Es ist deshalb hilfreich, sich auf die Negativ-Seite zu konzentrieren.

Wettbewerb ohne Respekt vor den Leistungen anderer ist das Ende der Wirtschaft.

Häufig genug wird das Verhalten eines Mitarbeiters vor versammelter Mannschaft für vorbildlich erklärt – und das Verhalten anderer damit abgewertet; häufig genug wird ein Mitarbeiter gegen einen anderen ausgespielt, wird permanent verglichen und in »gute« und »schlechte« Mitarbeiter unterschieden. Das hat Konsequenzen für das Gruppenklima. Der »gute« Mitarbeiter ist nicht gut, weil er nützlich sein will, sondern weil er *besser* sein will. Weil er gegenüber dem Kollegen bevorzugt sein will. Das Interesse des »guten« Mitarbeiters ist vorrangig auf sich *selbst* bezogen – und nicht auf die Bedürfnisse der Gruppe und das gemeinsame Geschäft. Und der »schlechte« Mitarbeiter wird sich weiterhin so wie bisher verhalten: Er erhält ja auch auf diese Weise Aufmerksamkeit und Anerkennung – nur eben auf der mannschaftsfeindlichen Seite. Eine solche Konkurrenz hat nur eine Adresse: die beurteilende Führungskraft – und nicht den Kunden im Markt.

Wenn Ihnen die schädlichen Wirkungen der intensiven Konkurrenz innerhalb Ihrer Mitarbeitergruppe plausibel sind, können Sie sie vermeiden: indem Sie alle Mitarbeiter als Gruppe behandeln und sie sozusagen ins gleiche Boot setzen. Das klingt zunächst nach Gleichmacherei und Ungerechtigkeit. Wir wissen natürlich auch, dass die Flaschenhalsorganisation der Unternehmen mit einem Gewinner gleichzeitig mehrere Verlierer produziert. Wenn Sie aber den Wettstreit um Anerkennung durch die Führungskraft so niedrig wie möglich halten, dann haben Ihre Mitarbeiter die *Chance zur intensivierten Kooperation*. Und Gelegenheit, Achtung voreinander zu entwickeln. Das ist unter hierarchischen Bedingungen schwierig, aber nicht unmöglich. Wenn ich es nicht schon häufig selbst erlebt hätte, würde ich es hier nicht vorschlagen.

Wettbewerb ohne Respekt vor den Leistungen anderer ist das Ende des Fußballs und der Wirtschaft. Wirkliche Souveränität verbeugt sich vor der Leistung anderer und gibt ihr alle Ehre.

Als Peter Neururer Ende 2001 Trainer beim VfL Bochum wurde, setzt er den Verteidiger Rouven Schröder auf die Bank. Dennoch erklärte er ihn nach einer Partie zum besten Spieler, obwohl er keine Minute gespielt hatte. Ungeachtet seiner persönlichen Niederlage war Schröder beim Siegtreffer seiner Mannschaft auf den Platz gerannt und war dem Schützen um den Hals gefallen.

Literatur

Augustin, Eduard/Zaschke, Christian (Hg.), *Fußball unser*, München 2005

Bausinger, Hermann, »Die Kultur des Verlierens«, *Universitas*, Jg. 61, H. 8 (2006), S. 813–821

Biermann, Christoph/Fuchs, Ulrich, *Der Ball ist rund, damit das Spiel die Richtung ändern kann. Wie moderner Fußball funktioniert*, Köln 2002

Bolchover, David/Brady, Chris, *The 90-Minute Manager. Lessons from the Sharp End of Management*, Harlow 2004

Buß, Roman, »Global(l)isierung oder was?«, in: Hütig, Andreas/Marx, Johannes (Hg.), *Abseits denken. Fußball in Kultur, Philosophie und Wissenschaft*, Kassel 2004, S. 176–186

Caysa, Volker, »Hochsterilisiert«, in: Hütig, Andreas/Marx, Johannes (Hg.), *Abseits denken. Fußball in Kultur, Philosophie und Wissenschaft*, Kassel 2004, S. 90–96

Claussen, Detlev, *Béla Guttmann. Weltgeschichte des Fußballs in einer Person*, Berlin 2006

Collins, Jim/Porras, Jerry I., *Immer erfolgreich. Die Strategien der Top-Unternehmen*, München 2003

Dohmen, Thomas, »Do Professionals Choke Under Pressure?«, *IZA Discussion Paper*, Nr. 1905 (2005)

Eichler, Christian, *Deutschland, deine Lieblingsgegner. Die legendären Spiele der deutschen Nationalmannschaft*, Frankfurt 2006

Eichler, Christian, *Lexikon der Fußballmythen*, Frankfurt 2000

Eichler, Christian, »Die große Koalition des Kicks«, *Frankfurter Allgemeine Zeitung* vom 20.06.2006, S. 42

Eilenberger, Wolfram, *Lob des Tores. 40 Flanken in Fußballphilosophie*, Berlin 2006

Esser, Hartmut, »Der Doppelpaß als soziales System«, *Zeitschrift für Soziologie*, Jg. 20, H. 2 (1991), S. 153–166

Ferguson, Alex, *Managing my Life. My Autobiography*, London 1999

Fischer, Bill/Boynton, Andy, »Wenn Virtuosen zusammenarbeiten«, *Harvard Businessmanager*, H. 11 (2005), S. 77–87

Foer, Franklin, *How Soccer Explains the World. An Unlikely Theory of Globalization*, New York 2004

Foster, Richard/Kaplan, Sarah, *Schöpfen und Zerstören. Wie Unternehmen langfristig überleben*, Frankfurt/M./Wien 2002

Friebe, Richard, »Nichtlineare Bananenflanken«, *Frankfurter Allgemeine Sonntagszeitung* vom 27.11.2005, S. 76–77

Fynn, Alex/Whitcher, Kevin, *The Glorious Game: Arsène Wenger, Arsenal and the Quest for Success*, London 2003

Gebauer, Gunter, *Poetik des Fußballs*, Frankfurt 2006

Grabitz, Ileana, »Von Klinsmann lernen heißt siegen lernen«, *Welt am Sonntag* vom 02.07.2006, S. 29

Hohl, E. K./Knicker, T.: »Die Führungskraft als Spielmacher«, *Harvardmanager*, H. 3 (1987), S. 83–90

Horeni, Michael, *Klinsmann. Stürmer Trainer Weltmeister*, München 2005

Hütig, Andreas/Marx, Johannes (Hg.), *Abseits denken. Fußball in Kultur, Philosophie und Wissenschaft*, Kassel 2004

Hütig, Andreas, »Flankengötter und Ballartisten«, in: ders./Marx, Johannes (Hg.), *Abseits denken. Fußball in Kultur, Philosophie und Wissenschaft*, Kassel 2004, S. 56–68

Immel, Oliver, »Der Ball im ›Gehäuse‹«, in: Hütig, Andreas/Marx, Johannes (Hg.), *Abseits denken. Fußball in Kultur, Philosophie und Wissenschaft*, Kassel 2004, S. 46–53

Jain, Arun K., *Corporate Excellence*, New Delhi 2002

Joyce, William/Nohria, Nitin/Roberson, Bruce, *Wie erfolgreiche Unternehmen arbeiten. Die 4+2-Formel für nachhaltigen Erfolg*, Stuttgart 2005

Kahn, Oliver, »Leader im Spitzensport - Persönliche Erfahrungen, Lehren und Herausforderungen«, in: Bruch, Heike/Krummaker, Stefan/ Vogel, Bernd (Hg.), *Leadership – Best Practices und Trends*, Wiesbaden 2006, S. 25–38

Katzenbach, Jon R., »Muss auf der Chefetage ein Team agieren?«, *Harvard Businessmanager*, H. 3 (1998), S. 9–17

Kaube, Jürgen, »Die Tabelle ist die Mutter aller Listen«, *Frankfurter Allgemeine Sonntagszeitung* vom 20.08.2006, S. 66

Kirby, Julia, »Auf der Suche nach der Weltformel«, *Harvard Businessmanager*, H. 11 (2005), S. 92–103

Koch, Günther, *Der Ball spricht. Fußballgeschichten*, Frankfurt 2005

Kotter, John P./Heskett, James L., *Die ungeschriebenen Gesetze der Sieger. Erfolgsfaktor Firmenkultur*, Düsseldorf/Wien/New York/Moskau 1993

Lauster, Jörg, »Fußball - Spiel des Lebens«, in: Hütig, Andreas/Marx, Johannes (Hg.), *Abseits denken. Fußball in Kultur, Philosophie und Wissenschaft*, Kassel 2004, S. 70–77

Luhmann, Niklas, »Der Fußball«, *Niklas Luhmann: Short Cuts 1*, Frankfurt 2005, S. 88–90

Marías, Javier, *Alle unsere frühen Schlachten. Fußball-Stücke*, hrsg. v. Paul Ingendaay, Stuttgart 2000

Martinez, Matias, »Geflügelte Fußball-Worte«, in: Hütig, Andreas/Marx, Johannes (Hg.), *Abseits denken. Fußball in Kultur, Philosophie und Wissenschaft*, Kassel 2004, S. 136–142

Marx, Johannes, »Elf Freunde müsst ihr sein!«, in: Hütig, Andreas/Marx, Johannes (Hg.), *Abseits denken. Fußball in Kultur, Philosophie und Wissenschaft*, Kassel 2004, S. 188–198

Meuren, Daniel, »Im Grunde denke ich dauernd nach - Interview mit Jürgen Klopp«, in: Hütig, Andreas/Marx, Johannes (Hg.), *Abseits denken. Fußball in Kultur, Philosophie und Wissenschaft*, Kassel 2004, S. 202–212

Mussler, Werner, »Die Angst des Schützen beim Elfmeter«, *Frankfurter Allgemeine Sonntagszeitung* vom 07.05.2006, S. 36

Niehaus, Lars, »Das Unbehagen am Verein«, in: Hütig, Andreas/Marx, Johannes (Hg.), *Abseits denken. Fußball in Kultur, Philosophie und Wissenschaft*, Kassel 2004, S. 38–44

Nohria, Nitin/Roberson, Bruce/Joyce, William, »Was wirklich funktioniert«, *Harvard Businessmanager,* H. 10 (2003), S. 26–43

Peters, Tom/Waterman, Robert, *Auf der Suche nach Spitzenleistungen. Was man von den bestgeführten US-Unternehmen lernen kann*, Heidelberg 2006

Pethes, Nicolas, »Fußlümmelei oder Sphärenharmonie. Intellektuelle und Fußball«, *Kakanien Revisited* vom 16.10.2004, S. 1–3, http://www.kakanien.ac.at/mat/NPethes2.pdf

Pierer, Heinrich von, »Fußball ist unser Leben«, *Wirtschaftswoche,* Nr. 24 vom 12.06.2006, S. 194

Porten, Mario (Hg.), *Was Führungskräfte und Mitarbeiter vom Spitzensport lernen können. Impulse für persönliche und unternehmerische Bestleistungen*, Stuttgart 2006

Ramge, Thomas, »Maradona Melancholie«, *brand eins,* Jg. 9, H. 3 (2007), S. 90–95

Rauscher, Josef, »Zur Dialektik von Ball und Kopf und deren Verhältnis zum Fuß oder ›Fußball ist unser Leben‹«, in: Hütig, Andreas/Marx, Johannes (Hg.), *Abseits denken. Fußball in Kultur, Philosophie und Wissenschaft*, Kassel 2004, S. 24–35

Rees, Jasper, *Wenger: The Making of a Legend*, London 2003

Rudolph, Hagen, *Management der ersten Liga. Mit den Strategien des FC Bayern München zum Erfolg*, Freiburg 2002

Schärf, Christian, »Das Drama der jagenden Meute«, Hütig, Andreas/Marx, Johannes (Hg.), *Abseits denken. Fußball in Kultur, Philosophie und Wissenschaft*, Kassel 2004, S. 98–108

Schlötter, Peter, *Das Spiel ohne Ball im Unternehmen. Kommunikation sichtbar machen und verbessern*, Stuttgart 2006

Schönau, Birgit, *Calcio. Die Italiener und ihr Fußball*, Köln 2005

Scholz, Christian, *Spieler ohne Stammplatzgarantie. Darwiportunismus in der neuen Arbeitswelt,* Weinheim 2003

Schümer, Dirk, *Gott ist rund. Die Kultur des Fußballs*, Frankfurt 1998

Schwartz, Tony/Loehr, Jim, *Die Disziplin des Erfolgs. Von Spitzensportlern lernen – Energie richtig managen*, München 2003

Solbach, Andreas, »Der neue Diskurs über Fußball«, in: Hütig, Andreas/Marx, Johannes (Hg.), *Abseits denken. Fußball in Kultur, Philosophie und Wissenschaft*, Kassel 2004, S. 110–119

Steinert, Hajo, *Podolskis Ahnen. Erinnerungen an den Fußball*, Köln 2006

Weibler, Jürgen/Deeg, Jürgen/Bischoff, Christian, »Zurückhaltende und dennoch zupackende Führung«, *Personalführung*, Jg. 6, H. 9 (2006), S. 58–63

Weick, Karl E., »Sinn und Sicherheit«, *Harvard Businessmanager*, H. 7 (2003), S. 103–111

Weick, Karl E./Sutcliffe, Kathleen M., *Das Unerwartete managen. Wie Unternehmen aus Extremsituationen lernen*, Stuttgart 2003

Werron, Tobias, »Quantifizierung in der Welt des Sports. Gesellschaftstheoretische Überlegungen«, *Soziale Systeme*, Jg. 11, H. 2 (2005), S. 199–235

Wesson, John, *Fußball – Wissenschaft mit Kick. Von der Physik fliegender Bälle und der Statistik des Spielausgangs*, München/Heidelberg 2006

Zook, Chris/Allen, James, *Erfolgsfaktor Kerngeschäft. Zeitlose Strategien für Wachstum und Innovation*, Econ 2001

SPRENGER EIGENSINN
Songs zum Buch
“Die Entscheidung liegt bei Dir”
Als CD mit Booklet
jetzt erhältlich unter
www.sprenger.com
SPRENGER EIGENSIN